건축물 비구조요소 내진성능 확보기술 개발 연구그룹 (SINE) 연구성과 시리즈 II

내진공사 시방서에 따른 비구조요소 표준내진상세

PRESCRIPTIVE SEISMIC DETAILING OF NONSTRUCTURAL ELEMENTS

김형준·오상훈·이철호·조봉호·최경규
백은림·신동현 저

KAIA 국토교통과학기술진흥원
SINE Research Group for Seismic Performance Improvement of Non-Structural Element 비구조요소내진성능향상기술개발연구그룹

Preface 발간사

지난 2016년 9월 12일 경주에서 우리나라 계기지진 관측이래 최대치인 리히터 규모 5.8의 지진이 발생하였습니다. 9.12 경주지진으로 인한 충격이 채 사라지기도 전인 약 1년 후 2017년 11월 15일 포항에서 규모 5.4의 지진이 연이어 발생하여 더 이상 지진안전지대가 아니라는 인식이 크게 생겨났습니다. 해당 두 지진으로 건축물의 피해는 구조재 손상뿐만 아니라 유리 커튼월, 외장재, 천장재, 조적벽체, 치장벽돌, 가스 및 수도배관 등의 비구조요소에서도 많이 나타났습니다. 비구조요소의 피해는 구조재의 피해보다 3배 이상 규모가 더 큰 것으로 확인되었습니다.

이를 계기로 현행 내진설계기준(KDS 41 17 00)에서는 비구조요소의 내진설계기준을 제시하고 있으나, 국외 기준을 참조한 수준으로 국내 설계지진하중, 시공현황 등의 실정을 반영하지 못하고 있습니다. 이에 우리 연구그룹에서는 국토교통과학기술진흥원의 도시건축연구사업에 힘입어 국내 실정을 반영한 내진설계기준 개정안 및 내진공사시방서 제정안을 작성하였으며, 비구조요소의 내진성능 향상기술 개발을 위한 내진보강 가이드, 내진성능평가 지침을 작성하였습니다. 이러한 활동의 연장선으로 전문기뿐만 아닌 비전문가가 쉽게 비구조요소의 내진설계에 접근할 수 있도록 "비구조요소의 내진설계를 위한 표준상세 지침", "비구조요소 내진공사 시방서에 따른 표준내진상세", "비구조요소 내진성능평가 지침", "건축물 비구조요소의 내진보강 가이드" 이상 네 편의 연구성과를 시리즈로 발간하게 되었습니다.

"건축물 비구조요소 내진성능 확보기술 개발 연구그룹(SINE) 연구성과 시리즈"는 연구과제에서 수행한 4년간의 실험적 해석적 데이터를 기반으로 작성하였으며, 비구조요소의 내진설계에서부터 내진보강, 내진성능평가에 이르기까지 비구조요소 내진성능 확보와 관련된 전 분야에 대한 내용을 다루고 있습니다.

끝으로 이 책이 국내 비구조요소의 내진설계 및 내진성능확보기술을 한 단계 더 발전시킬 수 있는 밑거름이 되기를 기원하면서 건축물 비구조요소 내진성능 확보기술 개발 연구그룹 집필위원들과 연구과제에 참여한 참여기업, 발간에 도움을 주신 정부 및 지자체 관계자, 전문가 여러분들께 깊은 감사를 드립니다.

2022년 1월 31일

SINE 연구그룹 단장

오 상 훈

목 차 Contents

1장

외부 비구조벽체 마감

외부 비구조벽체 마감(이하 외장재)은 비구조요소 내진공사 시방서에 석재외벽 공사(2.5), 화강석 공사(2.5.4), 대리석 공사(2.5.5), 건식 석재 공사(2.5.6), 인조대리석 공사(2.5.7), 타일 공사(2.5.8), 테라코타 공사(2.5.9), 치장벽돌 공사(2.5.10), 금속커튼월 공사(2.6.2), 프리캐스트 콘크리트 커튼월 공사(2.6.3), 조립식 패널 외벽공사(2.6.4), ALC 패널 공사(2.6.5), 유리 공사(2.6.6)로 구분되어 있다. 이 장에서는 비구조요소 내진공사 시방서의 내용에 근거하여 내진설계가 수행되어야 하는 외장재 중 유리 커튼월 공사, 금속 커튼월 공사, 석재외벽 공사, 치장벽돌 공사, 타일 공사의 표준내진상세를 정리하였다. 본 장에 정리된 외장재의 명칭은 "비구조요소의 내진설계를 위한 표준상세 지침"에서 다루는 외장재의 명칭과 통일하기 위하여 유리 커튼월 공법, 금속 패널 마감 공법, 석재 패널 마감 공법, 치장벽돌 마감 공법, 타일 마감 공법이라 칭한다. 여기서 다루지 않는 외부 비구조벽체 마감은 KCS에 따라 시공되어야 한다.

1.1 유리 커튼월 공법

유리 커튼월은 투명 유리(로비의 대형 창, 진열장), 컬러 유리(로비의 대형 창), 반사 유리(빌딩의 창), 로이 유리, 강화 유리(건물 출입구, 진열장), 곡 유리(빌딩의 외벽코너), 복층 유리(빌딩의 창) 등의 유리 패널을 이용하여 외부 벽체를 마감하는 것을 일컫는다. 유리 커튼월 공법은 시공방법에 따라 스틱 시스템, 유닛 시스템, 글레이징 시스템 등으로 구분 가능하다. 글레이징 시스템은 창틀이 외부로 노출되지 않도록 시공하는 방법으로 SSG 시스템(Structural Sealant(Silicone) Glazing System)과 DPG 시스템(Dot Point Glazing System)으로 분류할 수 있다. 그림 1.1.1에서는 스틱 시스템 공법에 활용되는 부재와 이들의 배치를 보여주고 있으며, 그림 1.1.2에서는 글레이징 시스템 중 SSG 시스템 및 DPG 시스템 공법에 활용되는 부재와 이들의 배치를 보여주고 있다. 그림 1.1.3에서는 유리 커튼월 프레임의 설치 형태 및 주요 구성 부재의 규격을 보여주고 있다. 그림 1.1.4에서는 프레임과 유리 패널 간의 접합 상세를 보여주고 있다.

이 절에서는 표준내진상세를 적용하였을 때 내진설계기준(KDS 41 17 00)에서 요구하는 내진성능을 확보할 수 있는 유리 커튼월 공법의 상세를 다루고 있으며, 유리 커튼월로 사용되는 유리 패널의 경우 크기, 두께, 설치위치 및 형태에 따라 다양한 설치방법으로 시공될 수 있다. 유리 커튼월 공법의 경우 내진설계기준에서는 설계하중 및 상대변위 요구조건을 만족하도록 설계해야 함을 명시하고 있으며, 내진공사 시방서에서는 세팅블록의 두께(단부클리어런스) 조건을 만족함을 명시하고 있다. 다양한 유리 패널에 대한 내진설계상세는 “비구조요소의 내진설계를 위한 표준상세 지침”에서 주로 사용되는 유리 패널의 크기, 두께 등에 대한 부재별 규격을 표 형태로 제시하고 있다. 이에 본 절에서는 대형 판유리 등 특수한 경우의 세팅블록의 두께에 대한 표준내진상세를 다루고자 한다. 유리공사에 적용되는 부재는 “KCS 41 55 09 유리공사 표준시방서“에서 요구하는 조건을 만족하여야 하고, 유리를 설치하기 위한 철재 프레임(멀리언, 트랜섬)의 콘크리트 정착에 사용되는 앵커는 ”KDS 14 20 54 콘크리트용 앵커설계기준“에서 제시하고 있는 조건을 충족하여야 한다.

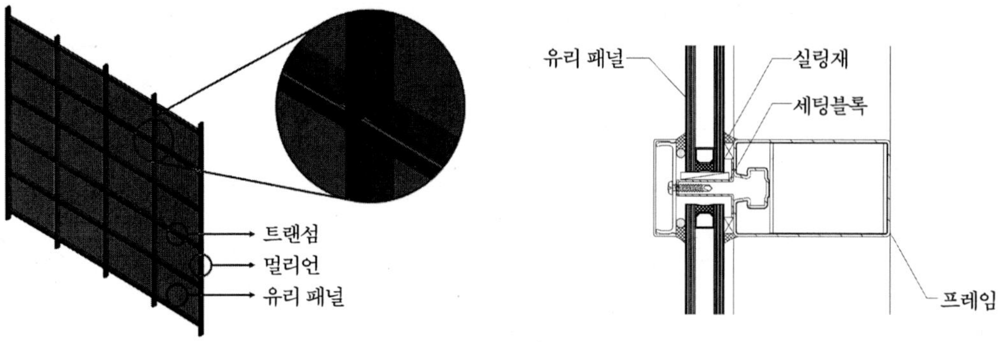

(a) 스틱 시스템의 형상 (b) 스틱 시스템의 구성

[그림 1.1.1] 스틱 시스템의 형상 및 구성

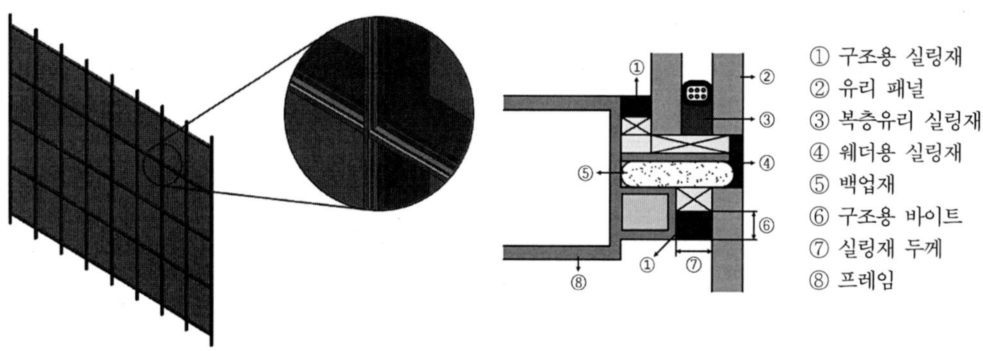

(a) SSG 시스템의 형상 (b) SSG 시스템의 구성 요소

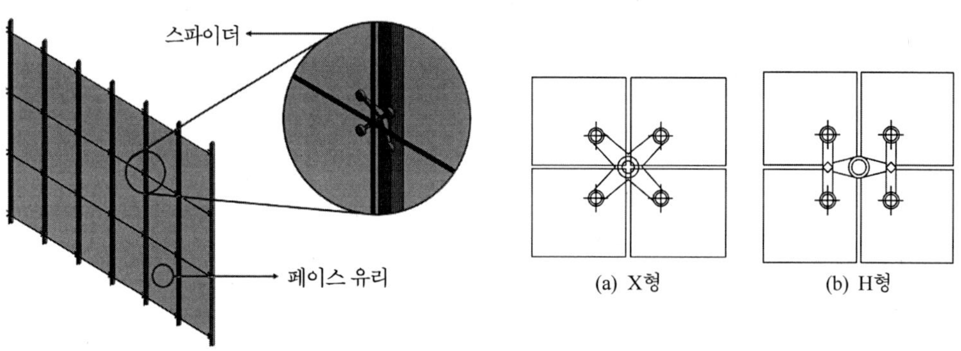

(c) DPG 시스템의 형상 (d) 스파이더의 형태에 따른 분류

[그림 1.1.2] 글레이징 시스템의 형상 및 구성

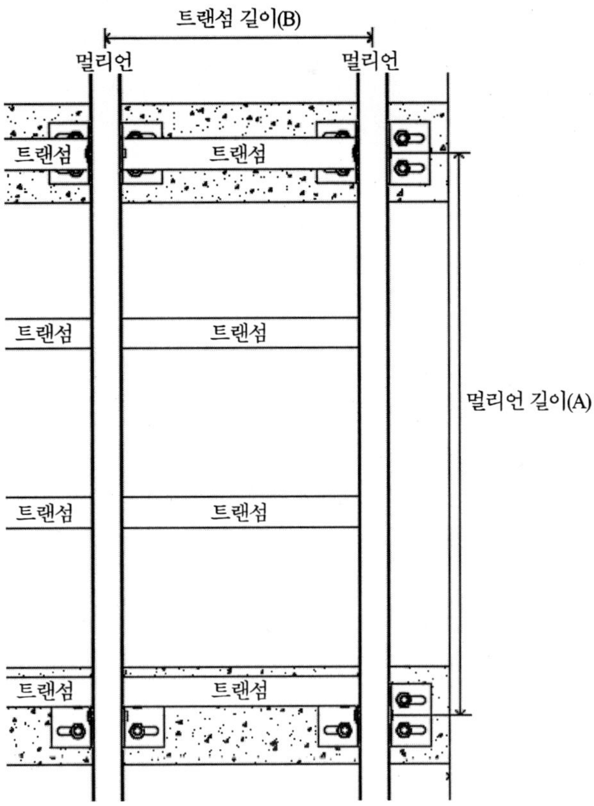

(a) 프레임 설치 형태

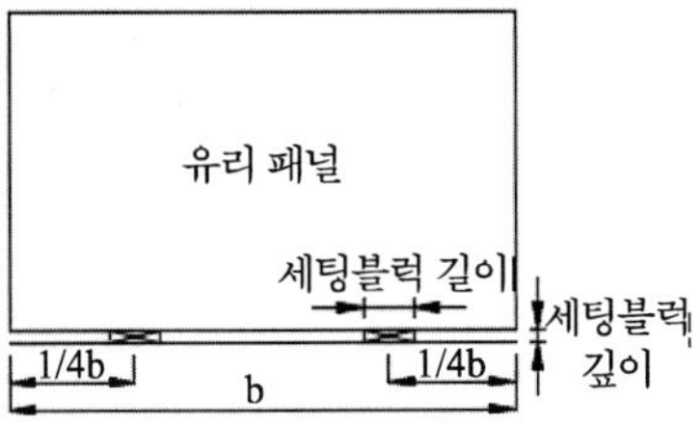

(b) 세팅 블록 규격

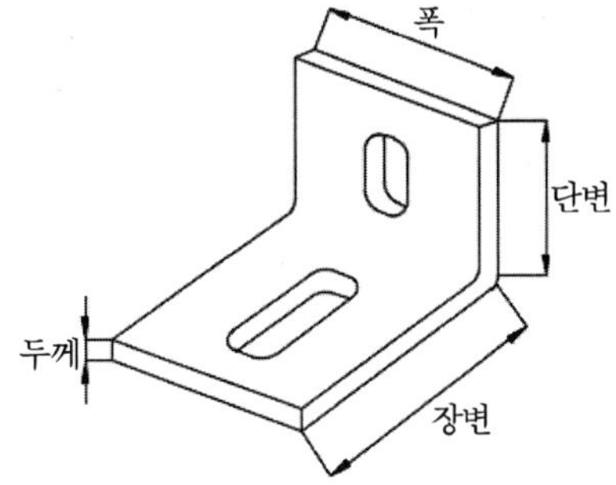

(c) 파스너 규격

[그림 1.1.3] 프레임 설치 형태 및 구성부재 규격

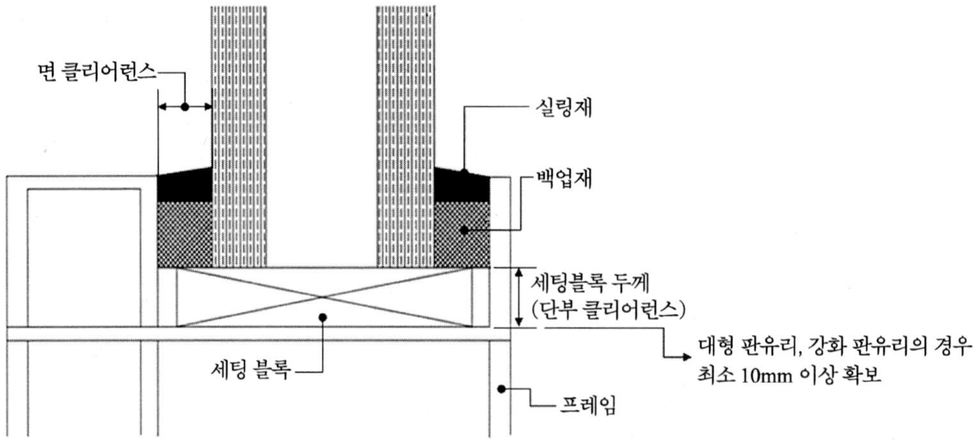

[그림 1.1.4] 프레임과 유리 패널 간의 접합 상세

1.2 금속 패널 마감 공법

금속 패널 마감은 내화, 단열, 방음 등의 성능을 가지는 복합패널 형식 또는 알루미늄 등의 비철금속판을 이용하여 외부 벽체를 마감하는 것이다. 별도의 콘크리트 외벽이 없는 커튼월 공사, 콘크리트 외벽이 존재하는 건축물의 외벽 공사로 구분할 수 있다. 그림 1.2.1은 외벽이 없는 경우에 적용하는 공법 4가지를 보여주고 있으며, 이 중 외벽이 있는 경우에도 적용가능한 스틱 시스템을 국내에서 주로 사용하고 있다. 그림 1.2.2는 일반적인 금속 패널 마감 스틱 시스템의 형상 및 최소 요구조건을 요약하여 제시하고 있다.

이 절에서는 내진설계기준(KDS 41 17 00)에서 요구하는 내진성능을 확보할 수 있는 금속 패널 마감 공법의 표준내진상세를 다루고 있다. 금속 패널 마감 공법의 경우 패널의 크기, 패널 설치용 구조재(이하 하지재)의 단면, 길이 등에 따라 다양한 요구조건이 충족되어야 한다. 하지재의 접합 시 일반적으로 용접접합으로 시공하며 이에 용접으로 시공되는 모든 부위는 전체용접을 원칙으로 한다. 다양한 금속 패널에 대한 내진설계상세는 "비구조요소의 내진설계를 위한 표준상세 지침"에서 현장에서 주로 사용되는 패널의 크기, 하지재의 길이 등에 대한 부재별 규격을 표 형태로 제시하고 있다. 금속 패널 마감 공법에 사용되는 부재의 품질확보를 위한 성능 시험, 기밀, 수밀 및 단열 등 요구 성능은 "KCS 41 54 02"에서 제시하고 있는 요구조건을 만족해야 한다.

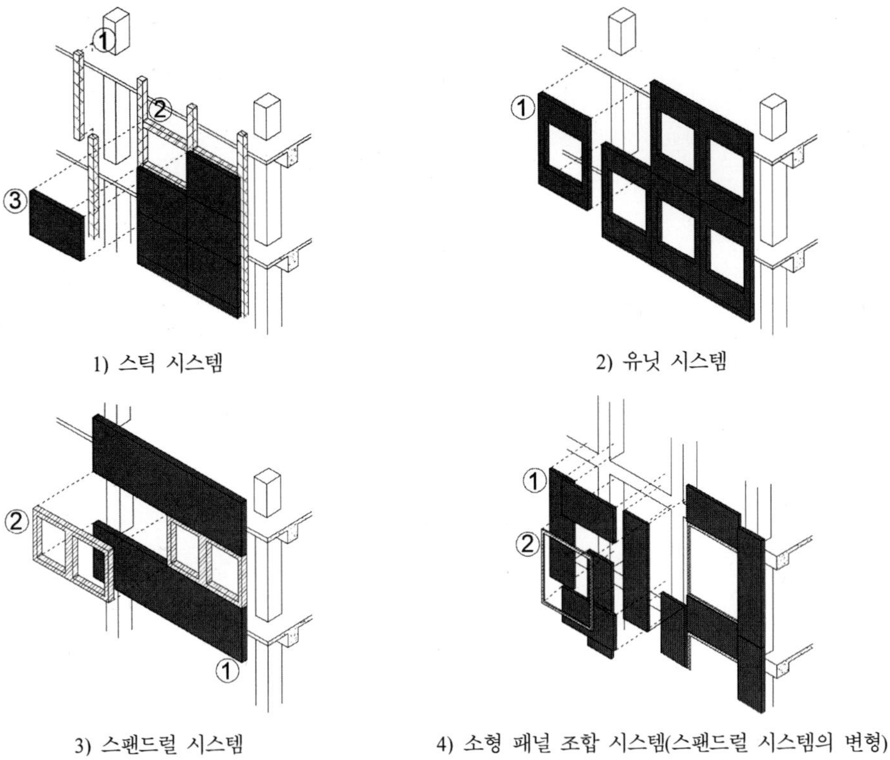

[그림 1.2.1] 금속 패널 마감 공법 분류 및 시공 순서(외벽이 없는 경우)

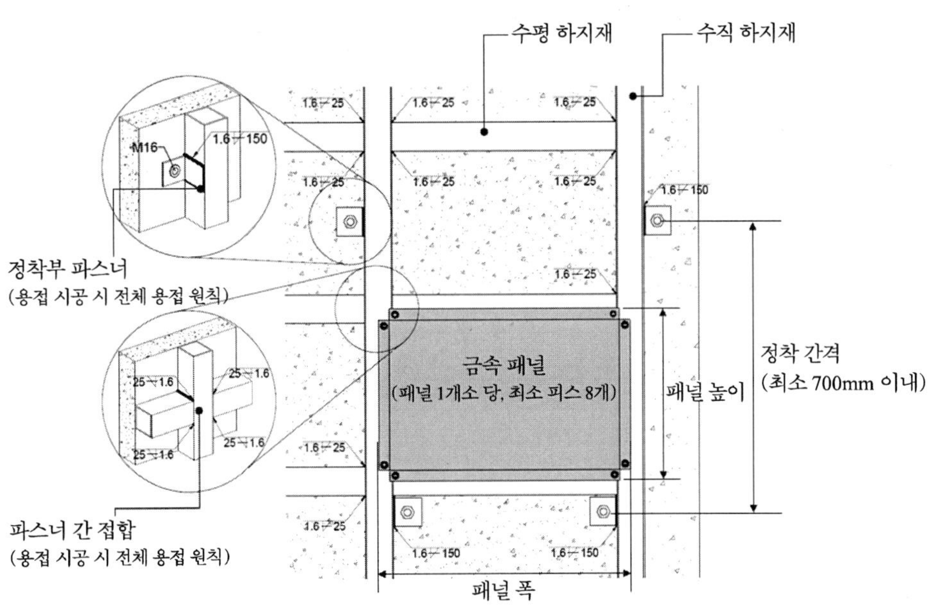

[그림 1.2.2] 금속 패널 마감 스틱 시스템의 형상 및 요구 조건

1.3 석재 패널 마감 공법

석재 패널 마감은 가공된 인조석 판재를 이용하여 외부 벽체를 마감하는 것으로 화강석, 대리석, 인조대리석 등을 기준으로 한다. 석재 패널 마감 공법은 모르타르의 사용 여부에 따라 습식공법과 건식공법으로 분류할 수 있다. 습식공법은 석재의 상하좌우 맞댐 사이를 철근 및 꽂음촉 등으로 구조체와 연결시키고 모르타르를 채워 넣어 일체화 시키는 공법이다. 그림 1.3.1에서는 석재 패널 습식공법의 형상을 요약하여 보여주고 있다. 습식 공법으로 시공하는 석재 패널의 경우 소규모 건축물에 적합한 방법으로 필로티 건물의 1층에 기둥, 건물 출입구의 외부 장식용으로 주로 사용되며 구조체와 일체화되기 때문에 변위추종 능력이 필요하다. 반면 현장에서 적용하는 습식 공법은 타일 공사에서 사용하는 모르타르 떠붙임 공법을 주로 사용하여 매우 취약한 특성을 가진다. 일반적으로 시공되는 건식공법은 화강석 선부착 PC판(Granite veneer Precast Concrete, 이하 GPC)공법, 앵커 긴결 공법, 강재 트러스 지지공법으로 크게 3가지가 있다. 앵커 긴결 공법은 파스너와 앵커를 이용한 단위 패널의 지지로 인해 구성 부재의 충분한 강도가 요구된다. 그림 1.3.2에서는 앵커 긴결 공법의 형상 및 설계 제한사항을 요약하여 보여주고 있으며, 1.3.3에서는 강재 트러스 지지공법의 형상을 요약하여 보여주고 있다. 그림 1.3.4에서는 강재 트러스 지지공법의 최소 요구조건을 요약하여 제시하고 있다.

이 절에서는 내진설계기준(KDS 41 17 00)에서 요구하는 내진성능을 확보할 수 있는 석재 패널 마감 공법의 표준내진상세를 다루고 있다. 석재 패널 마감 공법 중 습식 공법의 경우 사용하는 재료에 따라 “KCS 41 35 02 화강석 공사”, “KCS 41 35 03 대리석 공사”, “KCS 41 25 08 인조대리석 공사”등에서 제시하고 있는 요구조건을 만족해야 한다. 건식공법의 경우 패널의 크기, 패널 설치용 구조재(강재 트러스, 이하 하지재)의 단면, 길이 등에 따라 다양한 요구조건이 충족되어야 한다. 하지재의 접합 시 일반적으로 용접접합으로 시공하며 이에 용접으로 시공되는 모든 부위는 전체용접을 원칙으로 한다.

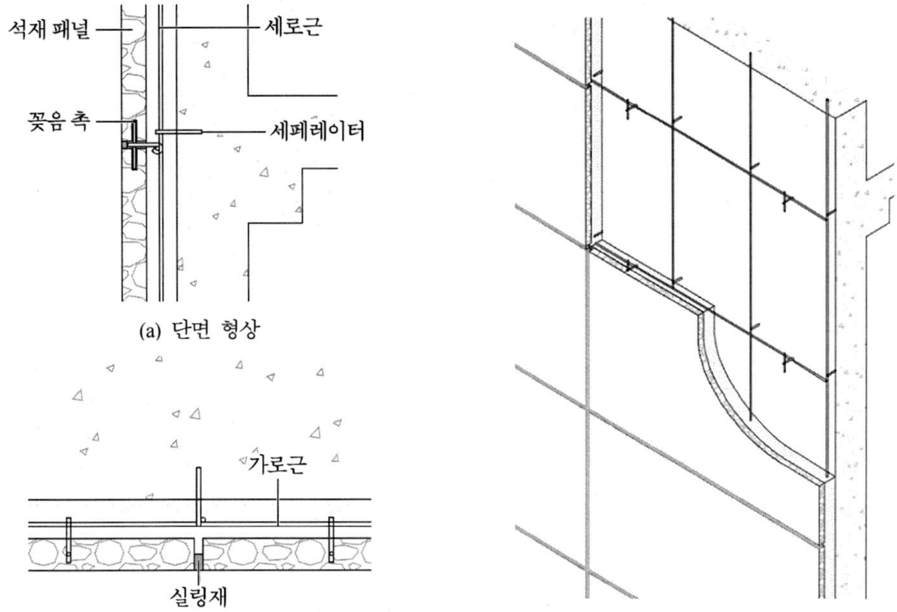

(a) 단면 형상

(b) 평면 형상

(c) 전체 형상

[그림 1.3.1] 석재 패널 습식공법 형상

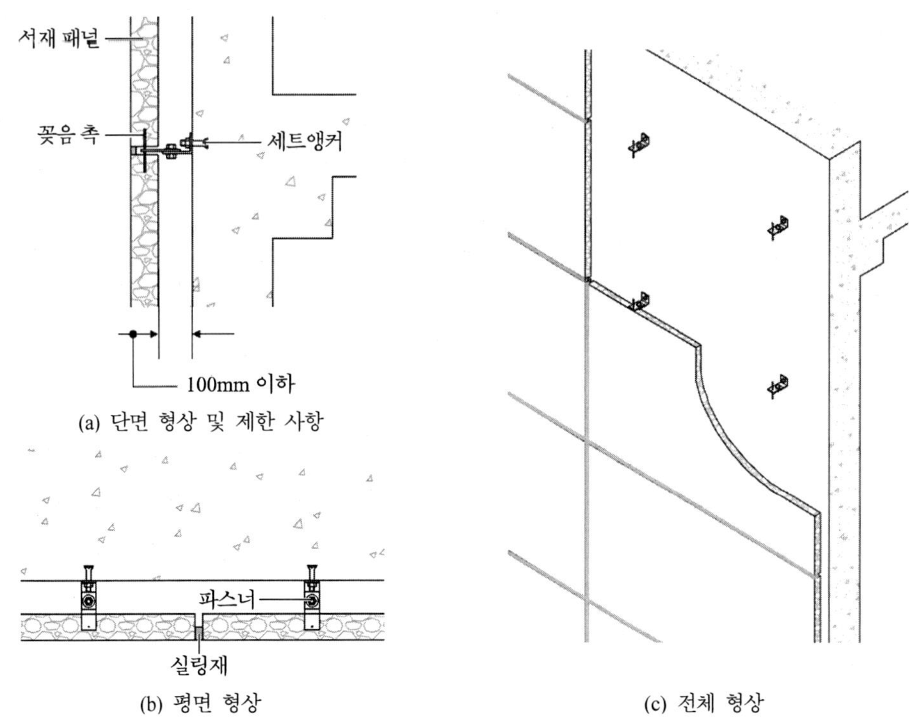

(a) 단면 형상 및 제한 사항

(b) 평면 형상

(c) 전체 형상

[그림 1.3.2] 석재 패널 앵커 긴결 공법 형상

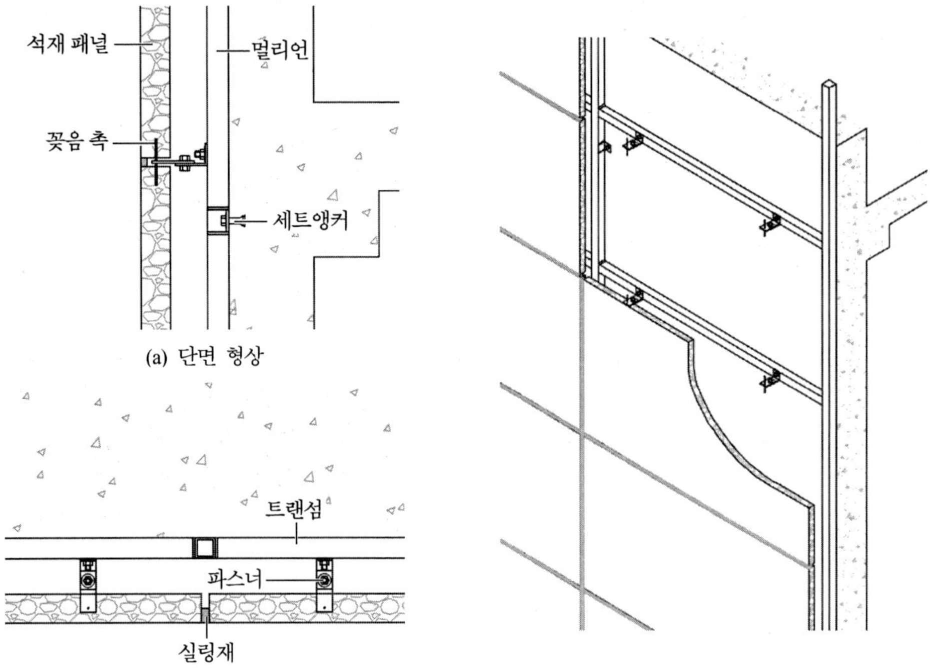

(a) 단면 형상

(b) 평면 형상

(c) 전체 형상

[그림 1.3.3] 석재 패널 강재 트러스 지지공법 형상

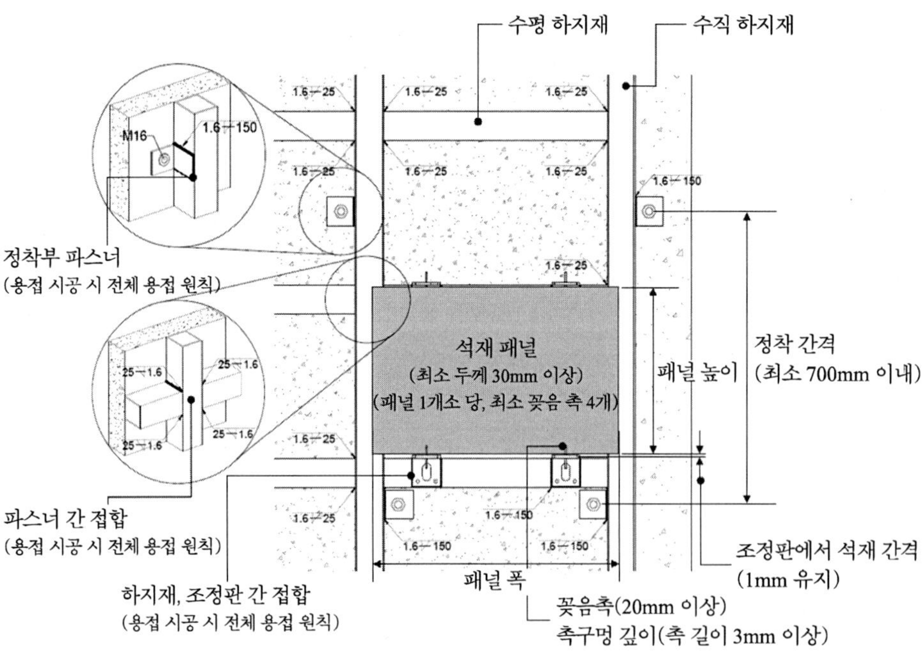

[그림 1.3.4] 석재 패널 마감 강재 트러스 지지공법의 형상 및 요구 조건

1.4 치장벽돌 마감 공법

치장벽돌 마감은 이중 외벽 마감의 용도로 사용하는 치장벽돌을 이용하여 외부 벽체를 마감하는 것으로 적벽돌을 기준으로 한다. 기본적으로 쌓기 모르타르를 이용한 습식공법의 형태로 시공된다. 그림 1.4.1에서는 치장벽돌 앵커지지 공법 예를 요약하여 보여주고 있으며, 그림 1.4.2에서는 치장벽돌 벽체고정철물 공법 예를 요약하여 제시하고 있다. 그림 1.4.3에서는 치장벽돌 설계 기본사항을 보여주고 있으며, 그림 1.4.4에서는 치장벽돌 앵커지지 공법의 제한사항을 제시하고 있다.

이 절에서는 내진설계기준(KDS 41 17 00)에서 요구하는 내진성능을 확보할 수 있는 치장벽돌 마감 공법의 표준내진상세를 다루고 있다. 치장벽돌 공사에 사용되는 줄눈 모르타르는 백화현상을 고려하여 흡수율을 엄격하게 관리하여 시공해야하며, "KCS 41 34 01 조적공사 일반 표준시방서" 및 "KCS 41 34 02 벽돌공사 표준시방서"에서 제시하고 있는 요구조건을 만족해야 한다.

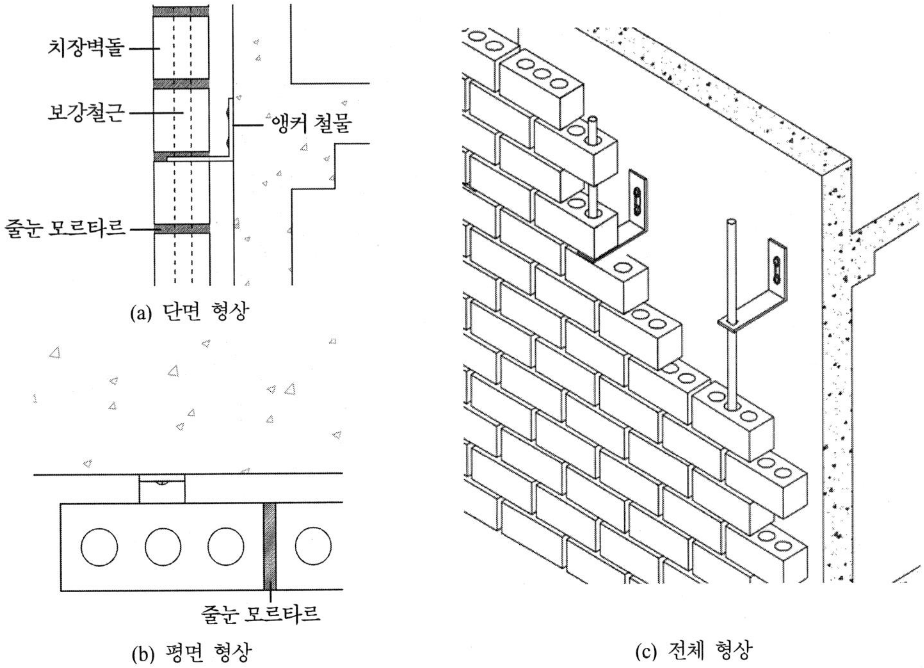

[그림 1.4.1] 치장벽돌 앵커지지 공법 형상

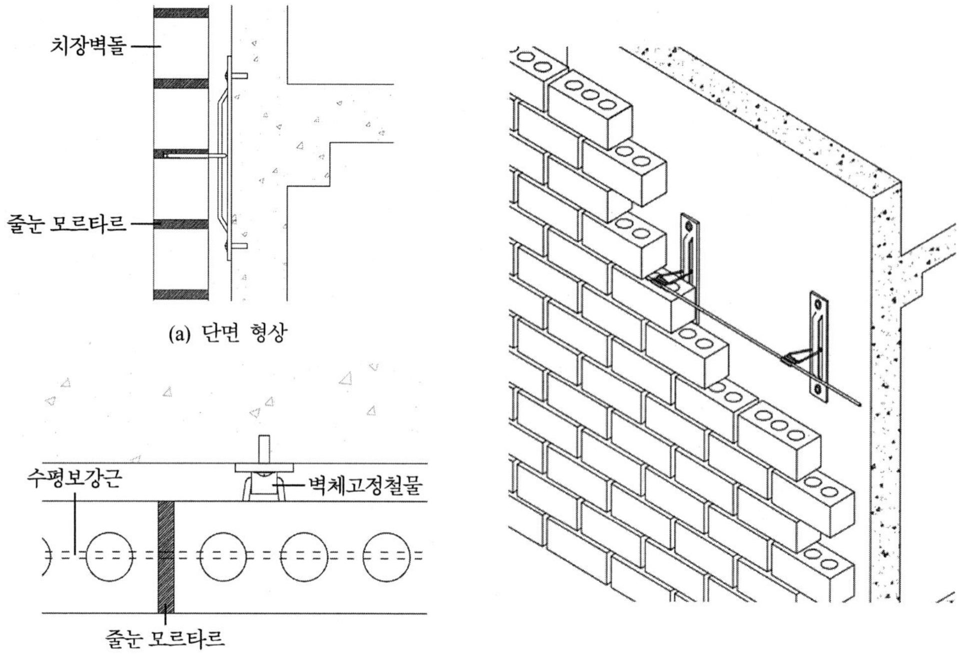

(a) 단면 형상

(b) 평면 형상

(c) 전체 형상

[그림 1.4.2] 치장벽돌 벽체고정철물 공법 형상

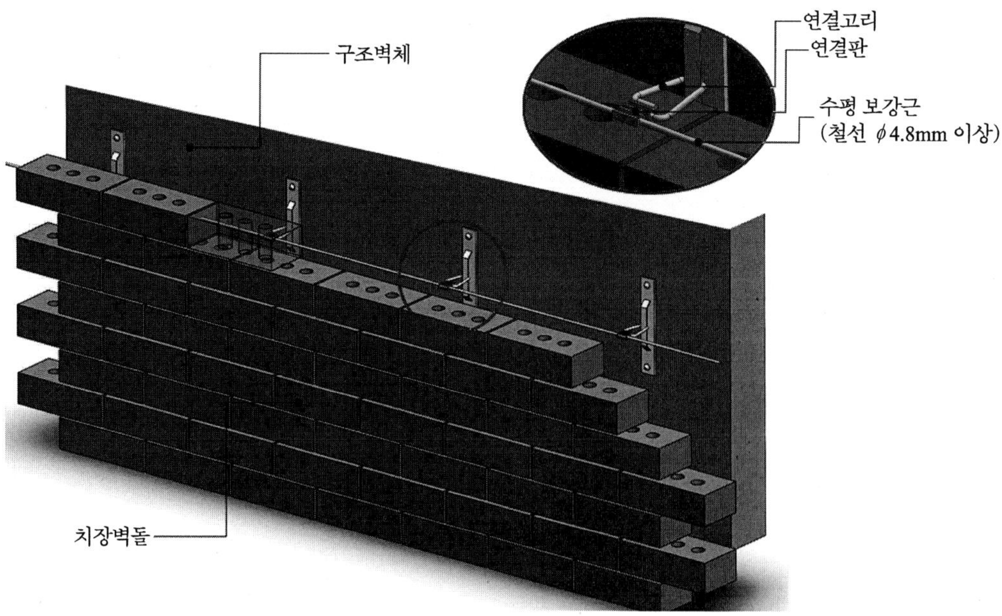

(a) 치장벽돌 벽체고정철물

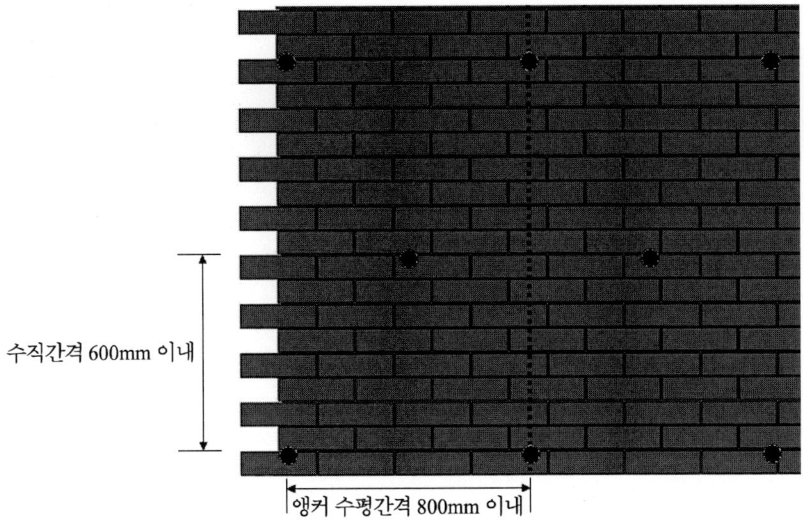

(b) 벽체고정철물 간격 상세

[그림 1.4.3] 치장벽돌 벽체고정철물 공법의 설계 기본 사항

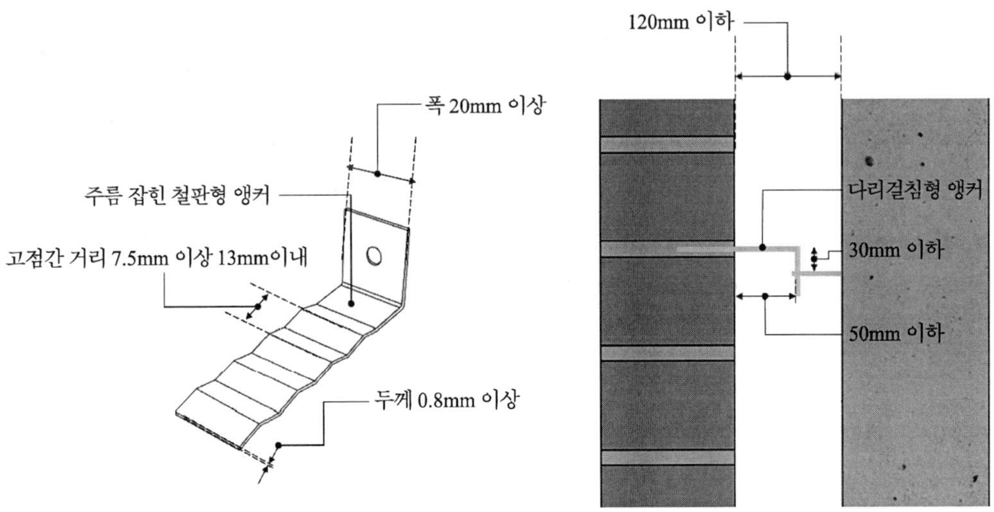

(a) 주름잡힌 철판형 앵커 (b) 다리걸침형 앵커

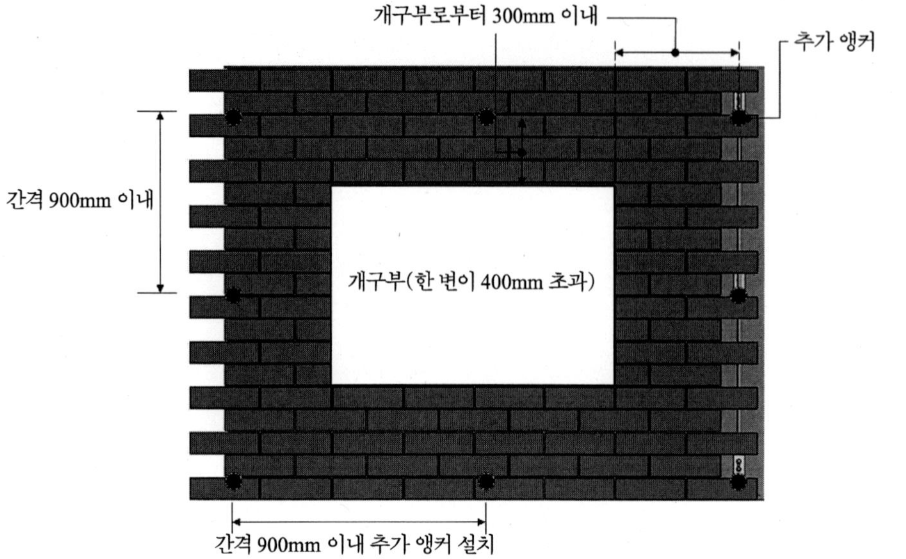

(c) 개구부가 있는 경우

[그림 1.4.4] 치장벽돌 앵커지지 공법의 설계 제한 사항

1.5 타일 마감 공법

타일 마감은 재질에 따라 크게 토기질, 도기질, 자기질, 석기질로 구분할 수 있으며, 외벽에 사용되는 타일은 "KCS 41 48 01"에 자기질 타일, 석기질 타일로 지정하고 있다. 타일 마감 공법은 일반적으로 붙임 모르타르를 이용한 습식공법을 사용한다. 타일 마감은 떠붙임 공법, 개량떠붙임 공법, 압착붙임 공법, 개량압착붙임 공법, 밀착(동시줄눈) 공법으로 시공되며, 각각의 공법에 필요한 붙임모르타르의 두께 및 바탕모르타르의 필요여부의 차이로 분류된다. 1.5.1에서는 기본적인 타일 떠붙임 공법의 형상과 제한사항을 요약하여 보여주고 있으며, 그림 1.5.2에서는 압착 공법의 형상과 제한사항을 요약하여 보여주고 있다. 바탕면이 조적조인 경우에는 그림 1.5.3에서 보여주는 개량떠붙임 공법과 그림 1.5.4에서 보여주는 개량압착붙임 공법을 사용한다. 바탕면이 콘크리트인 경우 개량압착붙임 공법과 그림 1.5.5에서 보여주는 밀착공법을 주로 사용한다.

이 절에서는 내진설계기준(KDS 41 17 00)에서 요구하는 내진성능을 확보할 수 있는 타일 마감 공법의 표준내진상세를 다루고 있으므로, 표 1.5.1에서 타일 마감 공법에 사용되는 타일의 크기, 줄눈 폭 및 두께에 대한 요구조건을 만족하도록 시공되어야 한다. 타일 마감 공법에 사용되는 재료 및 줄눈 너비 등 "KCS 41 48 01"에서 제시하고 있는 요구조건을 만족해야 한다.

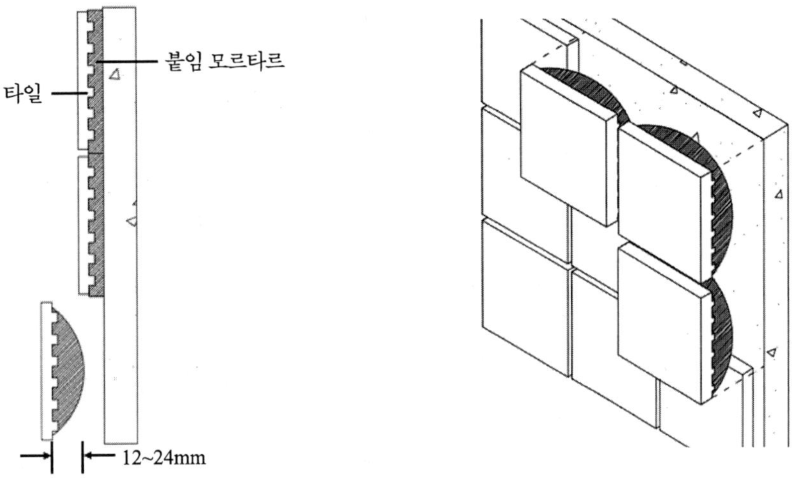

(a) 단면 형상 및 제한 사항 (b) 전체 형상

[그림 1.5.1] 타일 떠붙임공법 형상 및 제한 사항

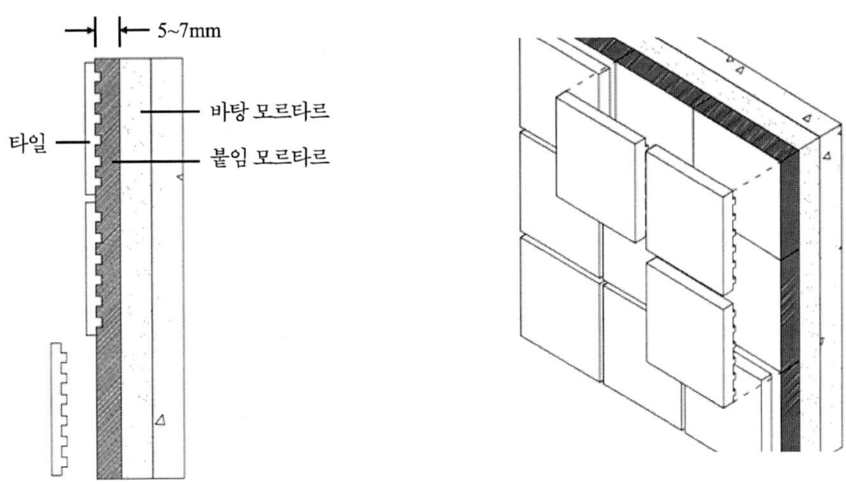

(a) 단면 형상 및 제한 사항 (b) 전체 형상

[그림 1.5.2] 타일 압착붙임공법 형상 및 제한 사항

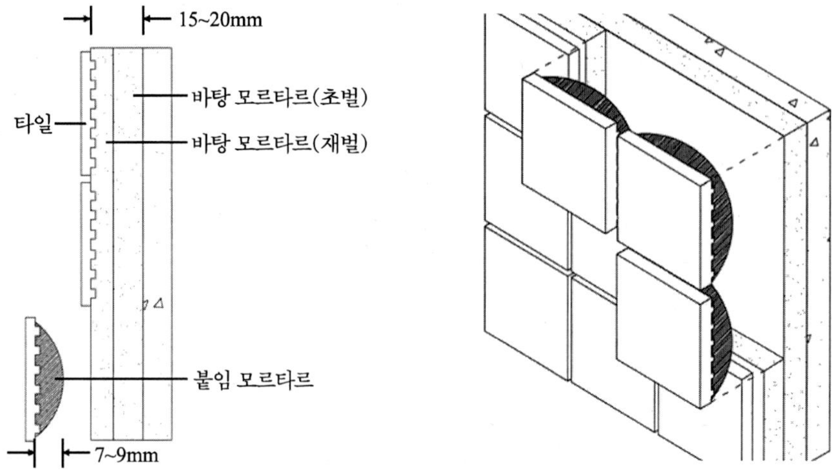

(a) 단면 형상 및 제한 사항 (b) 전체 형상

[그림 1.5.3] 타일 개량떠붙임공법 형상 및 제한 사항

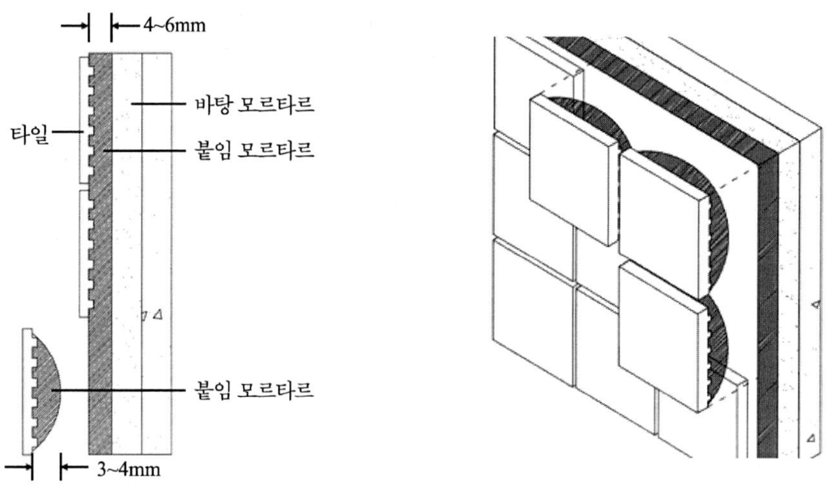

(a) 단면 형상 및 제한 사항 (b) 전체 형상

[그림 1.5.4] 타일 개량압착붙임공법 형상 및 제한 사항

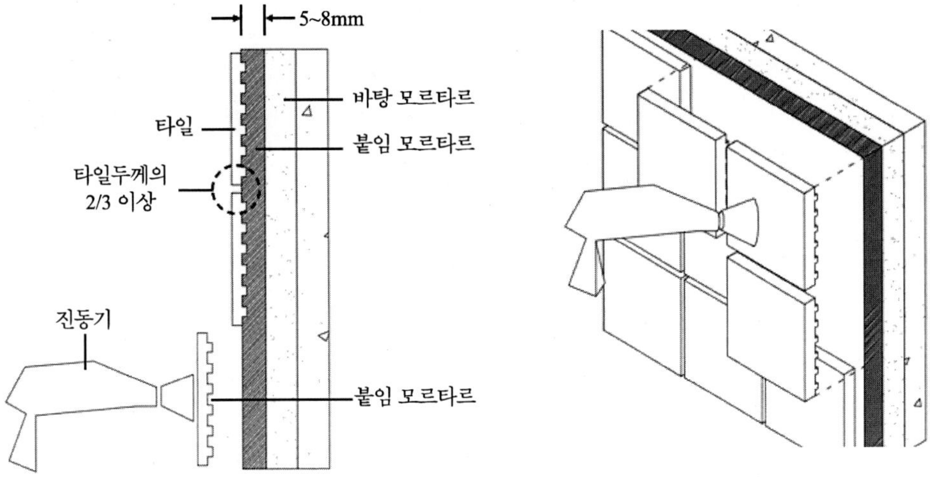

(a) 단면 형상 및 제한 사항 (b) 전체 형상

[그림 1.5.5] 타일 밀착(동시줄눈)공법 형상 및 제한 사항

[표 1.5.1] 타일의 크기, 줄눈폭 및 두께

(KCS 41 48 01 표 2.1-1 일부)

사용 부위	재질	크기 (mm)	두께 (mm)	줄눈폭 (mm)
외벽 타일	지정	90×90 이상 (1변이 190 이상인 경우는 60 이상)	11 이상 (석기질 : 15 이상)	지정 크기

2장
칸막이벽

칸막이벽 공사는 비구조요소 내진공사 시방서에 목조칸막이벽 공사(2.1.1), 벽돌칸막이벽 공사(2.1.2), 블록칸막이벽 공사(2.1.3), 석고보드 칸막이벽 공사(2.1.4), 유리 및 문 공사(2.2)로 구분되어 있다. 이 장에서는 비구조요소 내진공사 시방서의 내용에 근거하여 내진설계가 수행되어야 하는 칸막이벽체 중 석고보드 칸막이벽 및 벽돌 칸막이벽의 표준내진상세를 정리하였다. 여기서 다루지 않는 목조칸막이벽 공사는 KCS 41 33 01에 따라 시공되어야 하며 사용되는 자재는 건축물의 피난 및 방화구조 등의 기준에 관한 규칙에서 제시하는 내화구조 요구성능을 만족하여야 한다. 또한 유리 및 문 공사는 KCS 41 55 09에 따라 시공하여야 한다. 다만, 국토부 표준시방서에 의하면 목조칸막이벽 공사와 유리 및 문 공사의 내진성능을 확인하기 위하여 실험적 검증이 수행되어야 한다고 명시하고 있어 표준내진상세에는 제외하였다.

2.1 석고보드 칸막이벽 공법

석고보드 칸막이벽은 석고보드와 경량철골 부재인 스터드, 윗막이 (상부러너) 및 밑막이(하부러너)를 주요 구성요소로 하여 현장에서 나사못 및 고정못을 활용하여 건식으로 설치되는 비구조벽체를 일컫는다. 그림 2.1.1은 석고보드 칸막이벽 공법에 활용되는 부재와 이들의 배치를 요약하는 구성도를 보여주고 있으며, 그림 2.1.2에서는 경량철골 부재를 슬라브에 고정하기 위한 고정못 그리고 석고보드를 경량철골 부재에 접합하기 위한 나사못 상세를 제시하고 있다. 그림 2.1.3에서는 석고보드 칸막이벽이 맞닿는 접합부의 시공 상세를 정리하고 있다.

이 절에서는 표준내진상세를 적용하였을 때 내진설계기준(KDS 41 17 00)에서 요구하는 내진성능을 확보할 수 있는 석고보드 칸막이벽 공법의 상세를 다루고 있으므로, 표 2.1.1에서 제시하는 단면성능과 동등이상의 성능을 발휘할 수 있는 부재를 사용하여야 하며, 이에 따라 표에 명시된 중량 이하의 부착물이 추가로 부착될 수 있다. 석고보드 칸막이벽 공법에 적용되는 모든 경량철골은 "KS F 4742 비내력 벽체용 경량 형강 부재"와 "KS D 3609 건축용 강재 받침재 (벽, 천장)"에서 요구하는 조건을 만족하여야 하고, 석고보드는 "KS F 3504 석고보드 제품"에서 제시하고 있는 조건을 충족하여야 한다.

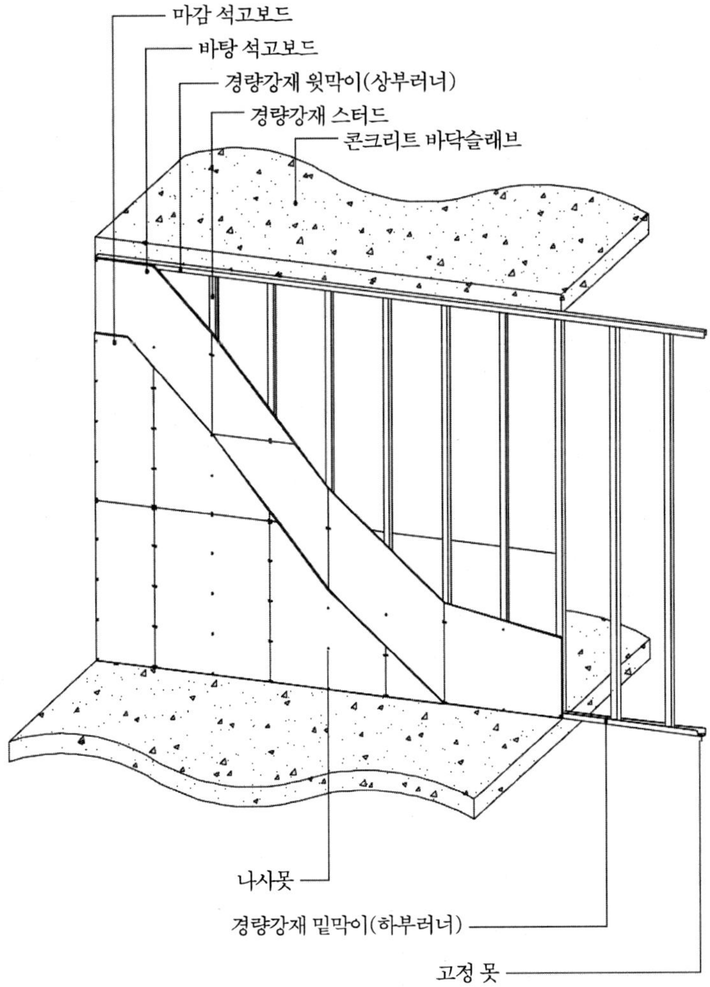

[그림 2.1.1] 석고보드 칸막이벽 구성

[표 2.1.1] 경량철골 스터드 최소 단면

단면성능 / 벽체 높이	스터드			추가부착물 중량, N
	단면적, mm^2	단면2차모멘트, mm^4		
		약축	강축	
3.0 m 이내	130	40,500	74,000	350
3.5 m 이내	160	49,500	91,000	200
4.5 m 이내	185	58,000	209,000	50

※ 벽체높이가 4.5 m를 초과하는 석고보드 칸막이벽은 표준내진상세를 적용할 수 없음.

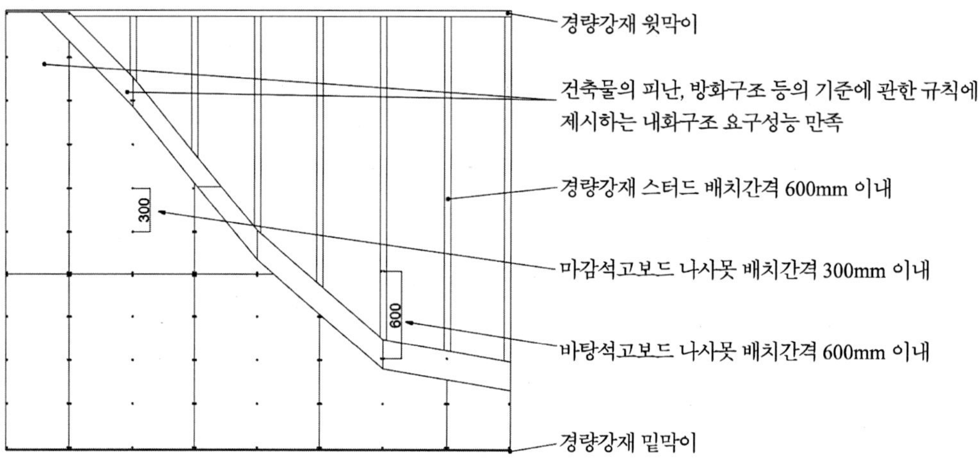

[정면도]

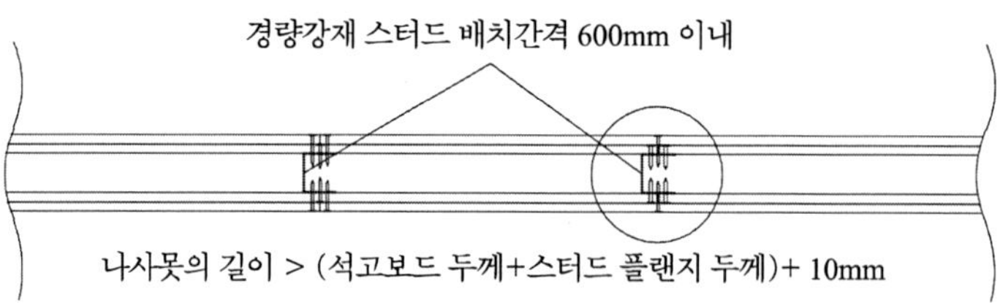

[평면도]

(a) 종합

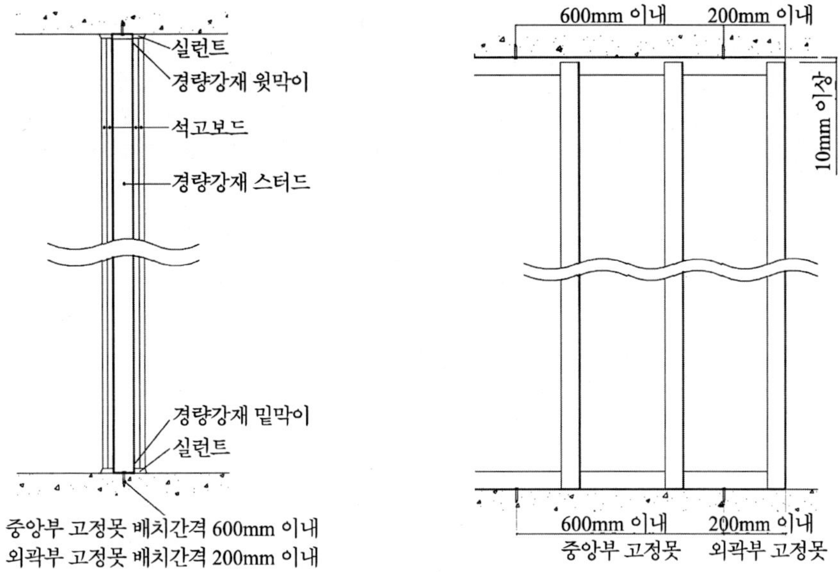

(b) 윗막이(상부러너) 및 밑막이(하부러너) 설치

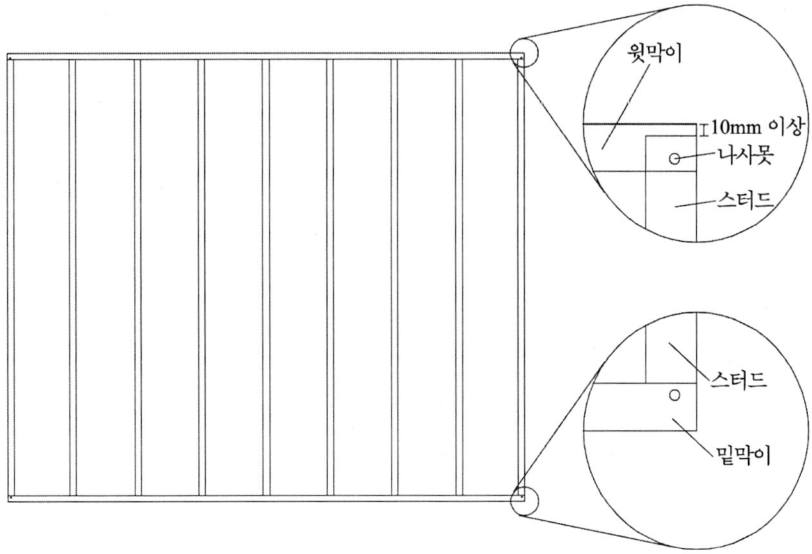

(c) 스터드 설치

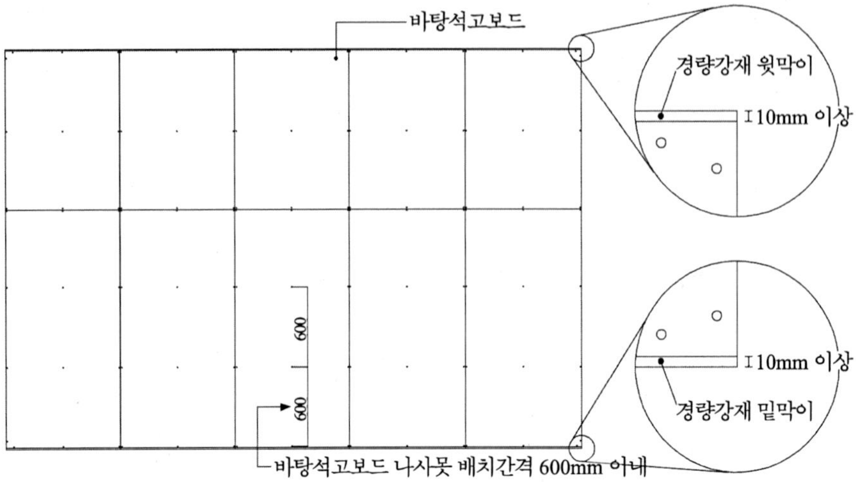

[바탕석고보드]

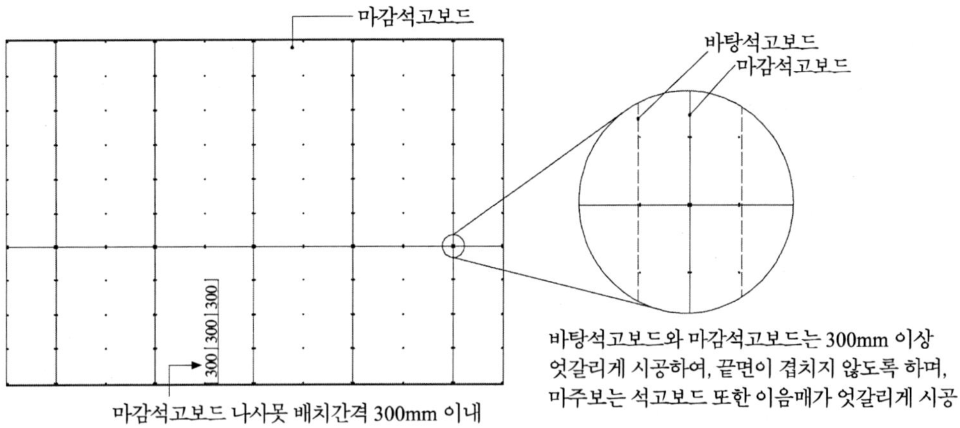

[마감석고보드]

(d) 석고보드 설치

[그림 2.1.2] 석고보드 칸막이벽 부재별 상세도

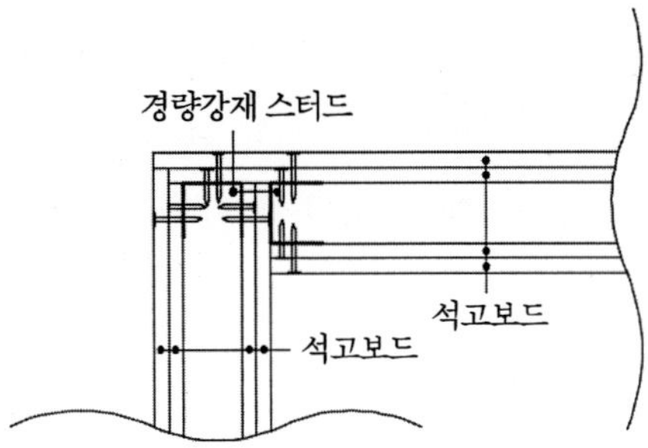

[코너부]

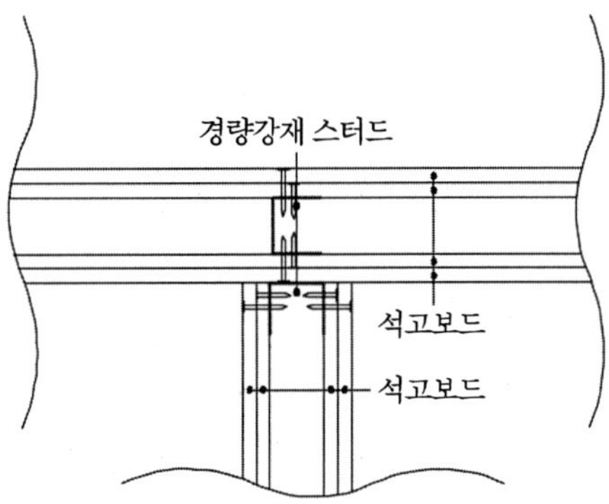

[칸막이벽체간 경계]

(a) 경계부 상세

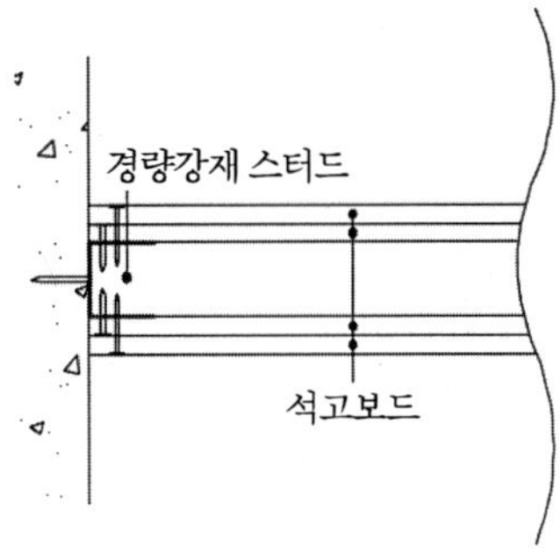

(b) 구조벽체와의 접합 상세

[그림 2.1.3] 석고보드 칸막이벽 접합부 상세도

2.2 벽돌 칸막이벽 공법

벽돌 칸막이벽은 벽돌 개체를 모르타르로 결합시켜 층층이 쌓아 올린 비구조벽체를 일컫는다. 그림 2.2.1에서는 벽돌 칸막이벽 공법에 활용되는 쌓기 방법을 요약하여 보여주고 있으며, 그림 2.2.2에서는 벽돌쌓기 시 벽돌의 접합면에 생성되는 줄눈의 바람직하지 않은 시공에 대해 제시하고 있다. 그림 2.2.3에서는 벽돌 칸막이벽이 수평 및 수직구조부재와 맞닿는 접합부의 시공 상세를 보여준다.

이 절에서는 내진설계기준(KDS 41 17 00)에서 요구하는 내진성능을 확보할 수 있는 벽돌 칸막이벽 공법의 표준내진상세를 다루고 있으므로, 표 2.2.1에서 제시하는 벽돌 칸막이벽 측면지지를 위한 최소 요구조건을 만족하도록 시공되어야 한다. 벽돌 칸막이벽 공법에 적용되는 벽돌 및 모르타르는 “KDS 41 34 02 조적식 구조 재료의 기준”, 그리고 측면지지를 위한 고정못은 “KS D 3552 철선”에서 제시하고 있는 요구조건을 만족해야 한다.

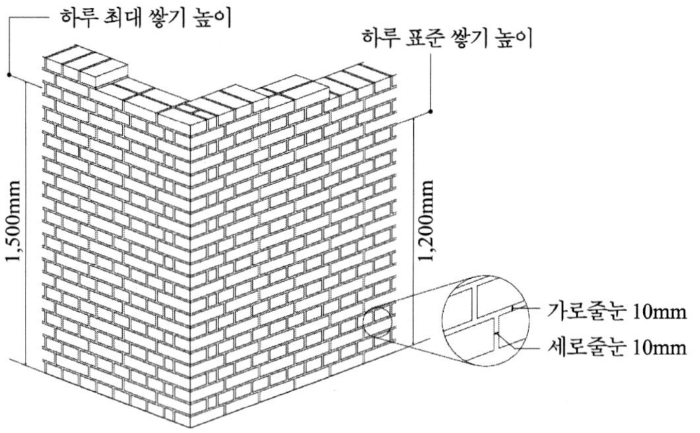

[영식 쌓기 방법]

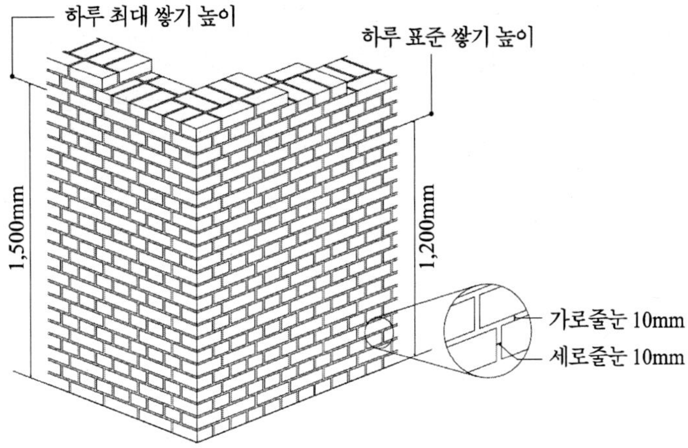

[화란식 쌓기 방법]

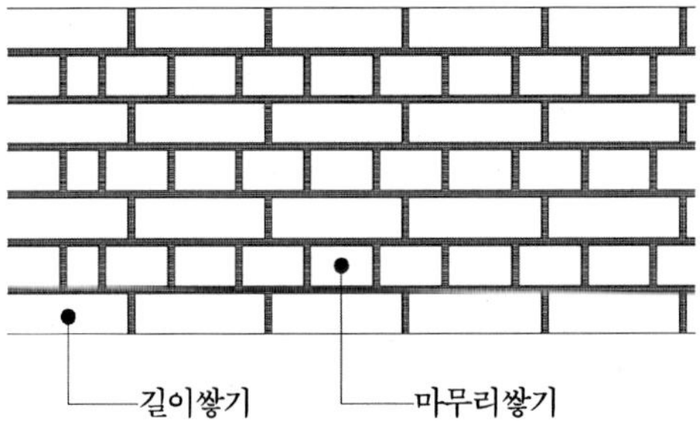

[길이방향 쌓기]

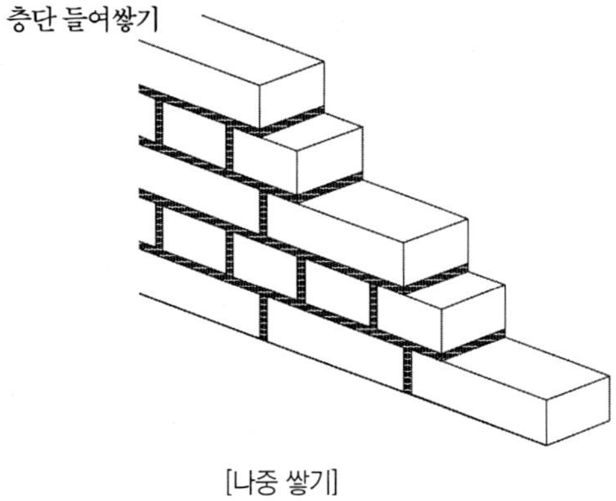

[나중 쌓기]

[그림 2.2.1] 벽돌 칸막이벽 구성 및 쌓기 방법

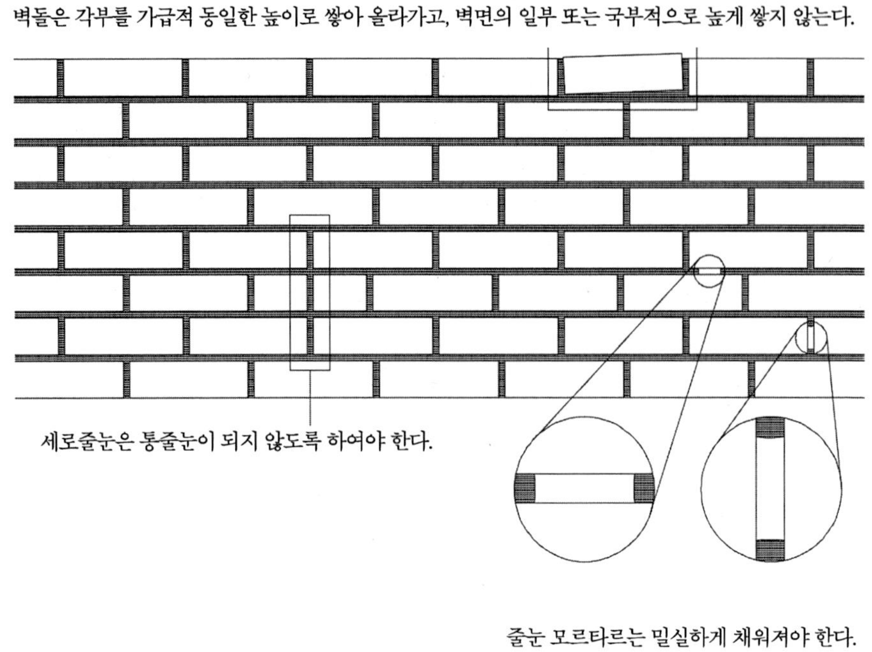

[그림 2.2.2] 바람직하지 않은 벽돌 칸막이벽 줄눈 시공(예)

[표 2.2.1] 벽돌 칸막이벽 측면지지를 위한 고정못의 최소 요구조건

측면지지 상세 / 벽체 높이	벽돌 칸막이벽 두께	벽돌 칸막이벽 단위길이당 고정못 단면적, mm^2
2.7 m 이내	1.0B	40
3.0 m 이내	1.5B	60
3.5 m 이내	2.0B	90

※ 벽체높이가 3.5 m를 초과하는 벽돌 칸막이벽은 표준내진상세를 적용할 수 없음.

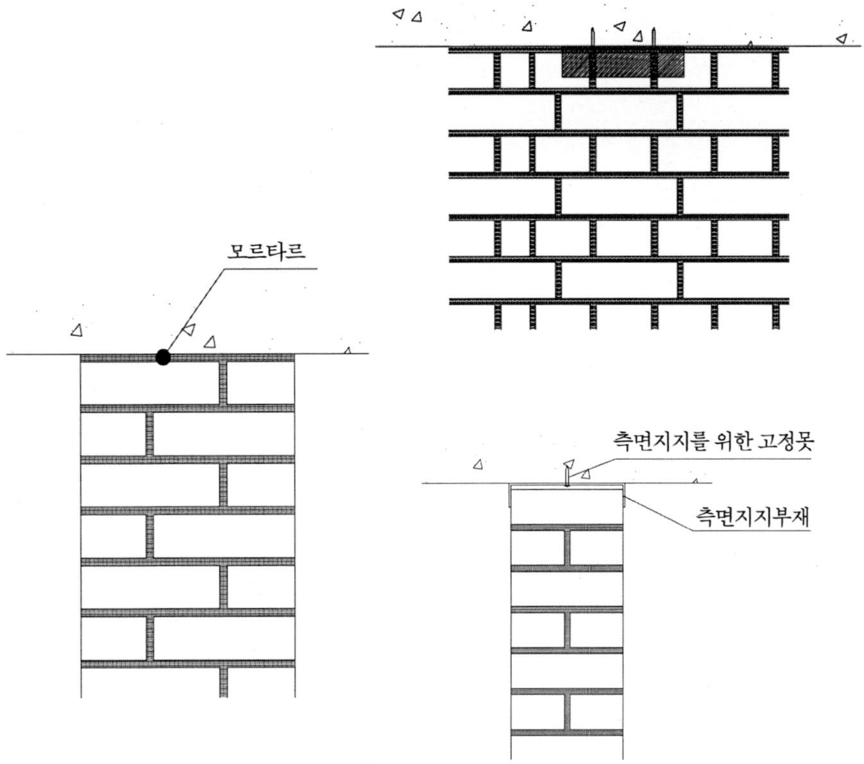

[칸막이벽 상부 모르타르 채움] [측면지지]

(a) 수평구조부재와 접합부

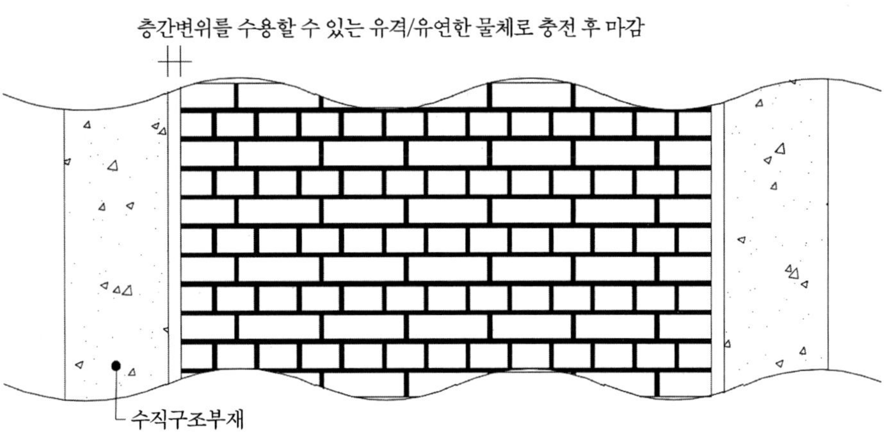

층간변위를 수용할 수 있는 유격이 없는 경우, 내진설계기준(KDS 41 17 00)에 따라 구조체와의 상호작용을 고려하여 설계되고 시공되어야 함.

(b) 수직구조부재와 접합부

[그림 2.2.3] 벽돌 칸막이벽 접합부 상세도

3장
매달린 천장

천장 공사는 비구조요소 내진공사 시방서의 천장 공사(2.3)를 참고한다. 내진공사 시방서의 천장 공사는 내진설계범주에 따라 내진설계범주 C(2.3.2.2)와 내진설계범주 D(2.3.2.3)으로 구분되어 있으며, 각각의 천장에 사용된 시스템에 따라 적용해야 한다. 내진공사가 적용되지 않는 천장 공사는 KSC 41 52 00에 따라 시공되어야 한다. 천장 부재의 KS 규격인 KS D 3609에서는 천장을 직접현수와 간접현수 방식으로 구분하며 개정된 기준인 KDS 41 17 00에서는 부착식 천장패널 시스템과 비부착식 천장패널 시스템으로 구분한다. 본 3장에서는 비부착식 천장패널이 적용된 T-bar 천장시스템(3.1)과 부착식 M-bar 천장시스템(3.2)에 대한 표준내진상세를 제공한다. 각 천장시스템에 대한 내진상세는 천장이 설치될 구조물의 내진설계범주로 구분된다.

3.1 비부착식 천장패널이 적용된 T-bar 천장시스템

비부착식 천장패널이 사용된 간접현수 방식의 T-bar 천장시스템은 모두 경량철골로 이루어져 있으며 행어볼트, 캐링채널, 주 격자부재(메인 T-bar), 부 격자부재(크로스 T-bar), 패널로 구성된다. 표 3.1.1은 비부착식 천장패널이 사용된 간접현수 T-bar 천장시스템에 사용되는 부재 일람을 나타낸다. 각 부재 간 연결부재는 행어볼트와 캐링채널의 연결재인 행어, 캐링채널과 주 격자부재의 연결재인 C/T클립으로 구성된다. 부 격자부재는 부 격자부재에 설치된 클립으로 주 격자부재의 양쪽에 부 격자부재를 끼워 부 격자부재 끼리 접합된다. 비부착식 천장패널이 사용된 천장은 천장에 못이나 나사로 직접적으로 고정되지 않고, 격자 부재에 올려 시공되거나 끼우는 형태로 시공된다. 그림 3.1.1은 국내에서 사용되고 있는 비부착식 천장패널 중 하나인 금속패널이 사용된 간접현수 T-bar 천장시스템을 나타낸다.

비부착식 천장패널이 사용된 간접현수 T-bar 천장시스템의 내진설계는 내진설계범주에 따라 내진설계범주 C, 내진설계범주 D로 구분할 수 있으며, 내진설계범주 D 일 경우 천장 설치면적에 따라 벽체 전달형, 슬라브 전달형으로 구분할 수 있다.

[표 3.1.1] 간접현수 T-bar 천장시스템에 사용되는 부재 일람

규격 부재	규격	단면	용도
격사부재	25×38×0.4t	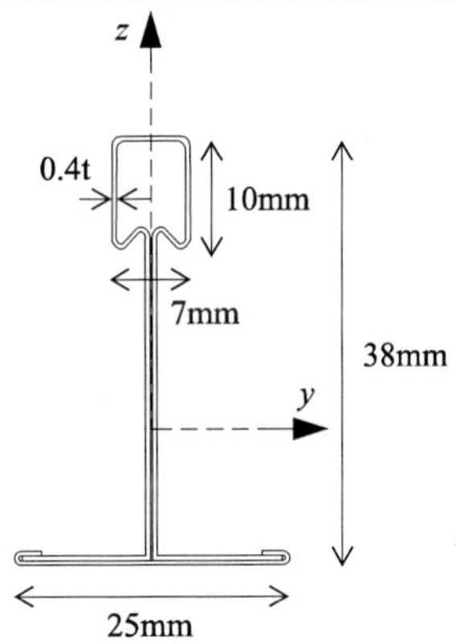	주 격자부재, 부 격자부재
격자부재	25×25×0.4t	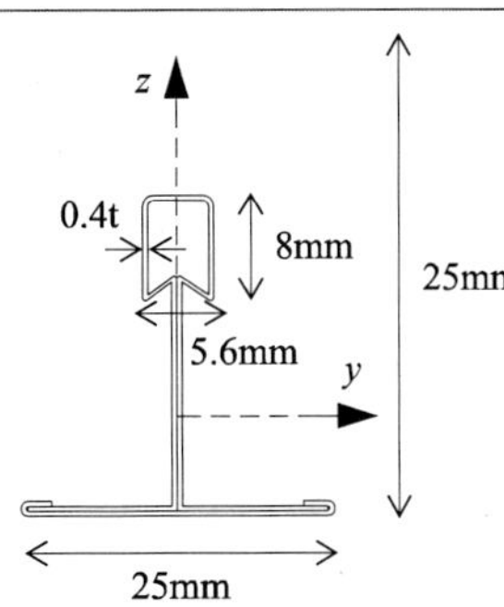	부 격자부재

부재 \ 규격	규격	단면	용도
캐링채널	12×38×1.2t (혹은 12×60×1.2t)	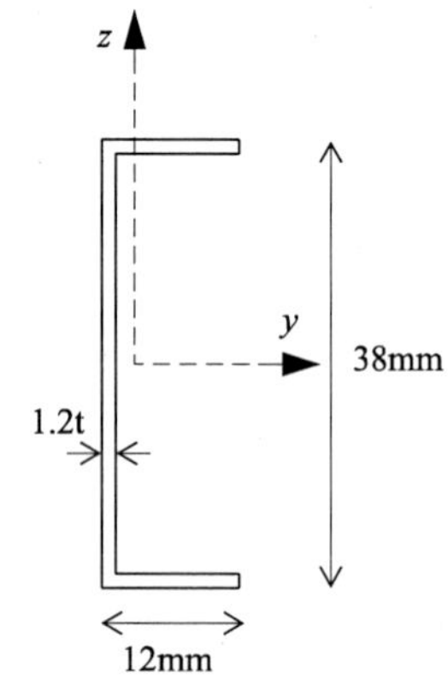	캐링채널
전산볼트	Φ9mm	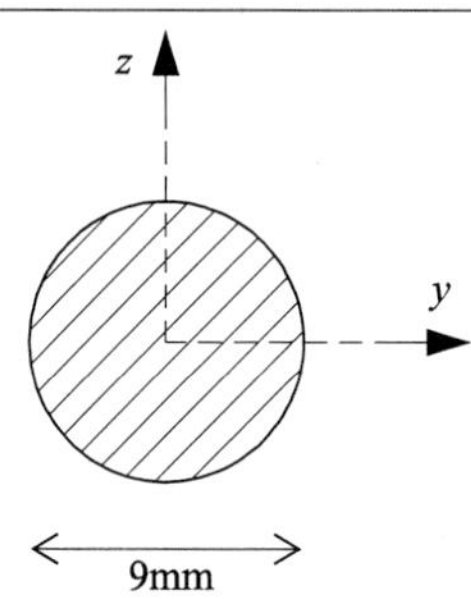	행어볼트

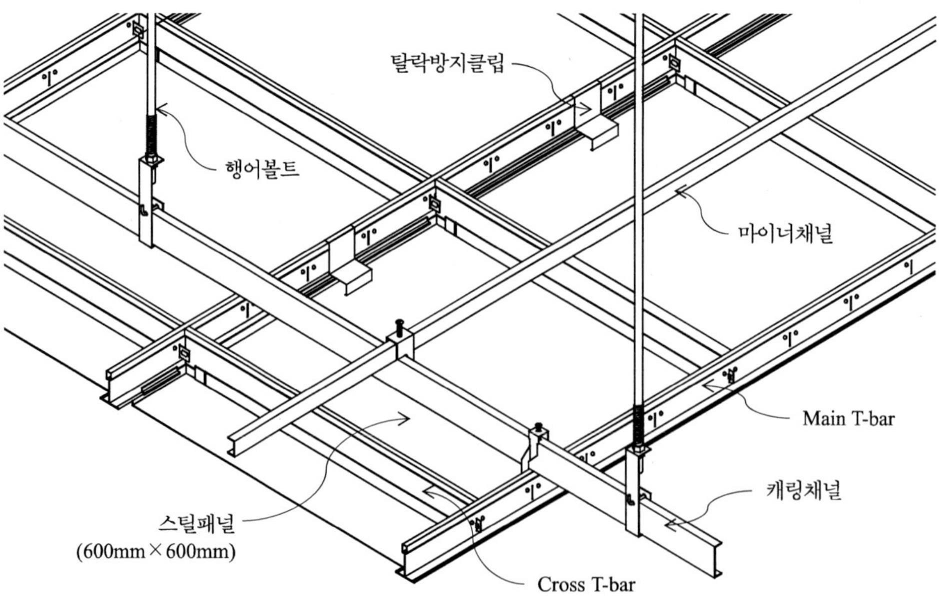

[그림 3.1.1] 비부착식 천정패널이 사용된 간접현수 T-bar 천장시스템

3.1.1 단부 보강형 내진설계 (내진설계범주 C)

내진설계범주 C일 때 적용 가능한 내진설계는 일정하게 설치되지 않는 천장 단부를 일정하게 보여주는 역할을 하는 몰딩의 너비와 천장의 이격거리를 사용하여 최소한의 내진설계를 수행하는 방법이다. 그림 3.1.2는 단부 보강형 내진설계의 개념이다.

단부 보강형 내진설계 시 단부 몰딩의 너비는 22mm 이상이 되어야 하며 단부 이격거리는 10mm 이상이 되어야 한다. 부재 간 접합부, 부재 길이방향의 연장 등 모든 부재와 부재의 연결은 기계적인 접합이 이루어지지 않아도 된다.

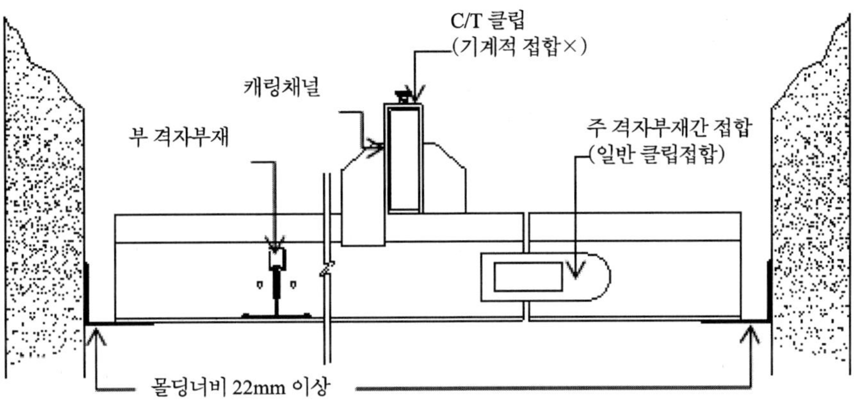

a) 주 격자부재 방향 단면

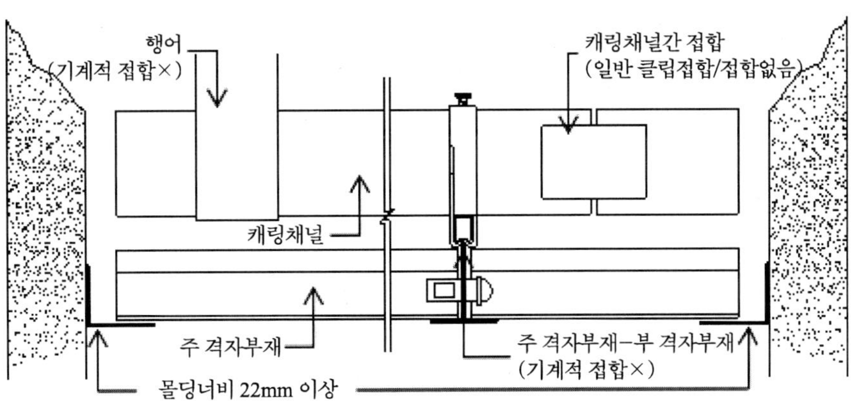

b) 부 격자부재 방향 (캐링채널 방향) 단면

[그림 3.1.2] 단부 보강형 내진설계 개념 (내진설계범주 C)

3.1.2 벽체 전달형 내진설계 (내진설계범주 D)

내진설계범주 D일 때 적용 가능한 내진설계는 천장 설치면적에 따라 나누어진다. 천장 설치 면적이 250m² 미만일 경우 벽체 전달형 내진설계를 적용할 수 있으며 250m² 이상일 경우 슬라브 전달형 내진설계가 수행되거나 벽체 전달형 내진설계와 슬라브 전달형 내진설계를 동시에 수행할 수 있다. 본 3.1.2장에서는 내진설계범주 D 일 때 적용할 수 있는 벽체 전달형 내진설계에 대하여 설명한다.

벽체 전달형 내진설계는 벽에 설치되는 몰딩과 격자부재를 직접적으로 고정하는 방법과 몰딩-주변지지클립-격자부재와 같이 간접적으로 고정하는 방법이 사용될 수 있다. 이 때, 주변지지클립은 인증된 주변지지클립을 사용한다. 간접현수 방식에서는 캐링채널과 주 격자부재가 하중으로 주로 부담하게 되어 몰딩과 직접 결합 시 캐링채널-벽의 직접적인 고정이 어려울 수 있다. 인증된 주변지지클립 사용 시 주 격자부재와 캐링채널의 단부에 설치하여 벽과 고정한다. 그림 3.1.3은 벽체 고정형 내진설계 중 주변지지클립을 사용한 내진설계 개념을 설명한다.

벽체 전달형 내진설계 시 천장이 설치되는 4개의 벽면 중 인접한 2개의 면에 고정하며 남은 2면은 몰딩위에서 미끄러질 수 있도록 유격을 두어 설치한다. 이 때, 단부 몰딩의 너비는 50mm 이상이 되어야 하며 단부 이격거리는 20mm 이상이 되어야 한다. T-bar 시스템에 사용되는 비부착식 패널은 천장의 격자부재와 고정되지 않기 때문에 모든 부재 간 접합 시 스크류 볼트 등을 사용한 기계적인 접합이 수행되어야 한다. 기계적 접합 수행 시 직경 4mm 이상의 스크류볼트를 기준으로 한다. 인증된 주변지지클립은 벽과 고정 시 4개 이상 스크류볼트로 접합하며 격자부재와는 2개 이상의 스크류볼트로 접합한다. 주 격자부재의 길이방향 연장 시 1개 이상의 스크류볼트를 사용하여 길이방향 이음을 하며, 캐링채널의 길이방향 연장 시 별도의 접합철물을 제작하여 길이방향 이음을 하거나 부재를 겹쳐 스크류볼트 2개 이상을 사용하여 연장한다. 별도의 엔지니어링을 통하여 주 격자부재와 부격자부재 결합 시 기계적인 결합이 수행되도록 할 수 있다.

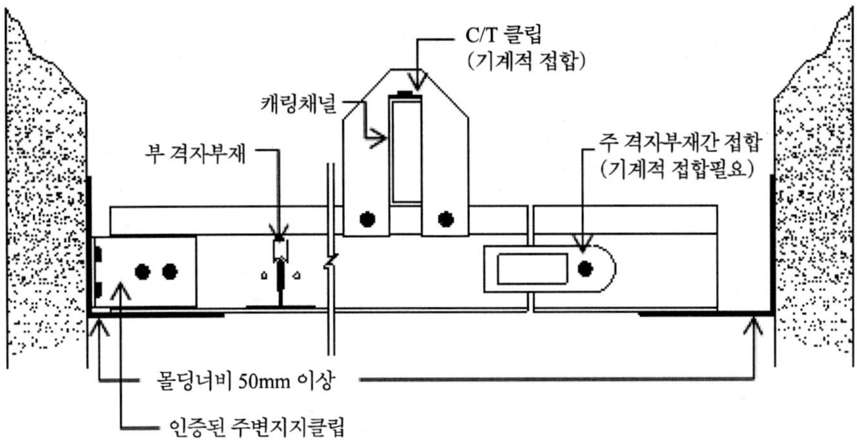

a) 주 격자부재 방향 단면

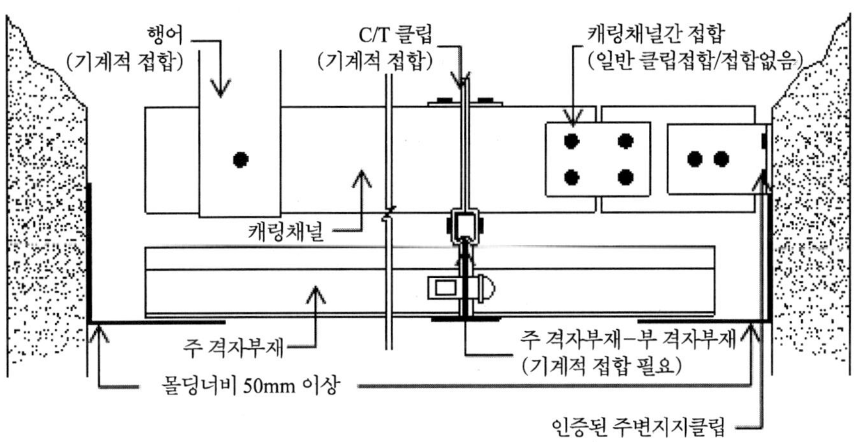

b) 부 격자부재 방향 (캐링채널 방향) 단면

[그림 3.1.3] 벽체 전달형 내진설계 개념 (내진설계범주 D)

3.1.3 슬라브 전달형 내진설계 (내진설계범주 D)

내진설계범주 D 일 때, 250m² 이상일 경우 슬라브 전달형 내진설계가 수행되거나 벽체 전달형 내진설계와 슬라브 전달형 내진설계를 동시에 수행할 수 있다. 슬라브 전달형 내진설계는 브레이스와 같은 횡력저항시스템을 사용하여 내진설계를 수행하는 방법으로 본 상세의 예시에서는 브레이스의 그림을 통하여 간략히 설명한다. 그림 3.1.4는 슬라브 전달형 내진설계에 대한 개념을 나타낸다.

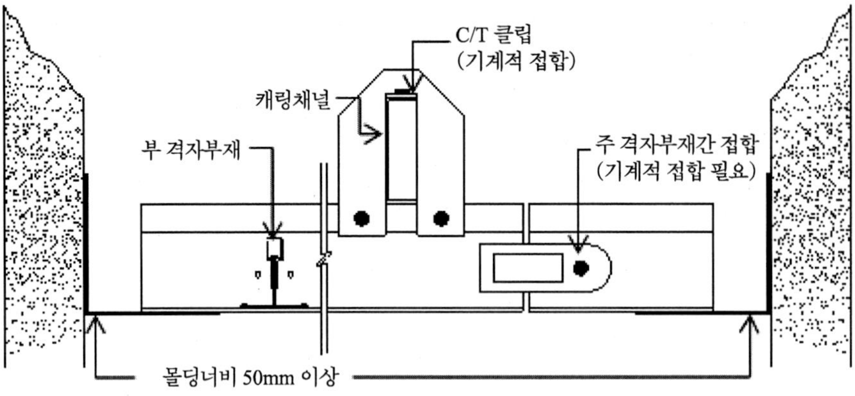

a) 주 격자부재 방향 단면

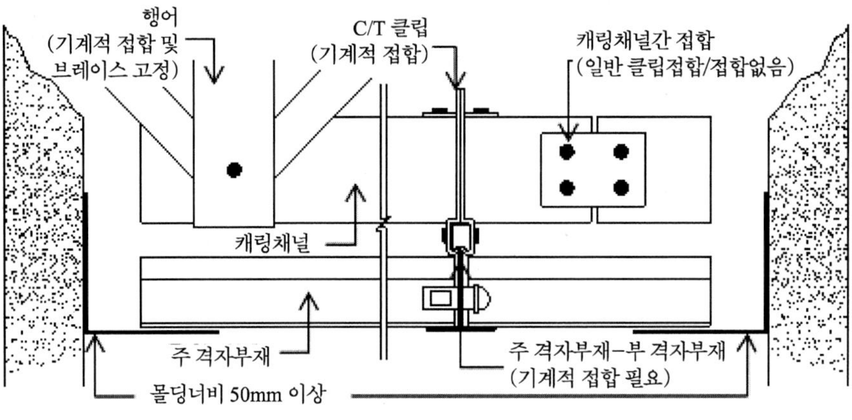

b) 부 격자부재 방향 (캐링채널 방향) 단면

[그림 3.1.4] 슬라브 전달형 내진설계 개념 (내진설계범주 D)

단부에 설치되는 몰딩 너비, 이격거리, 기계적 결합 유무는 벽체 전달형 내진설계와 동일하다. 슬라브 전달형 내진설계를 수행 시 구조엔지니어링이 필수적이며, 상황에 맞는 횡력저항시스템을 도입하여 적용할 수 있다. 특히 브레이스와 같은 횡력저항시스템은 설치 위치, 설치 간격에 따라 천장 부재에 가해지는 하중이 달라지므로 이를 고려하여 설계해야 한다.

3.2 부착식 M-bar 천장시스템

부착식 M-bar 천장시스템의 천장 프레임은 엠바 (M-bar), 캐링채널(carrying channel), 마이너 채널 (minor channel), 행어 볼트 (hanger bolt)로 구성된 시스템이다. 그림 3.2.1 에서 볼 수 있듯이 천장패널은 M-bar에 피스로 고정되며 지진 내습시 천장시스템의 방향에 따라 지진하중은 M-bar → 캐링채널 → 행어볼트 또는 캐링채널 → 행어볼트 순으로 전달되는 하중 경로를 갖는다. 표 3.2.1은 부착식 천장시스템 천장프레임에 사용되는 부재 및 부재 간 접합부 일람을 보여주고 있다.

부착식 M-bar 천장시스템에 대한 내진설계방법은 KDS 41 17 00 5.1에 의해 결정되는 구조물의 내진설계범주에 따라 구분되며, 내진설계범주 C에서는 변위흡수형, 내진설계범주 D는 변위구속형 (하중 저항)으로 제시되고 있다. 내진설계범주 C에서는 본 문건에 기술된 상세에 따라 설계 가능하지만, 내진설계범주 D에 해당하는 경우 본 문건의 상세를 참고하되 각 부재 및 접합부는 KDS 41 17 00 18.2에 따라 산정된 설계지진하중을 저항할 수 있도록 충분한 강도를 갖는 부재가 사용되어야 한다.

[표 3.2.1] 직접현수 M-bar 천장시스템 부재 일람

부재 \ 규격	규격 (A×B×t)	단면	용도
더블 엠바 (double M-bar)	50×19×0.5 50×25×0.5	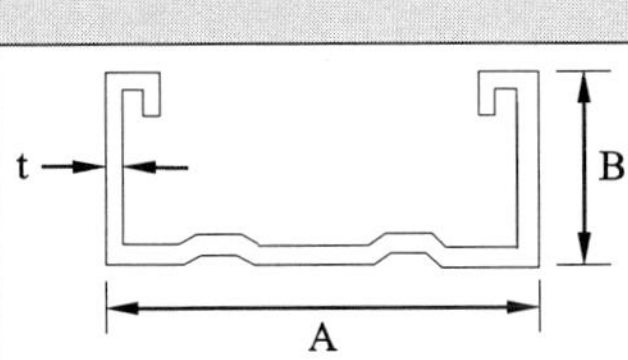	천장재 지지 프레임
싱글 엠바 (single M-bar)	25×19×0.5 25×25×0.5	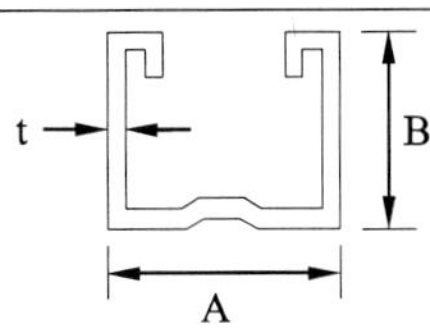	천장재 지지 프레임
캐링채널 (carrying channel)	38×12×1.2 38×12×1.6	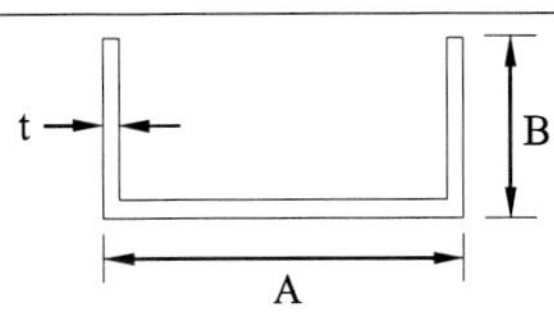	천장프레임 - 행어볼트 하중 전달

[표 3.2.1] 직접현수 M-bar 천장시스템 부재 일람

규격 / 부재	규격 (A×B×t)	단면	용도
마이너 채널 (minor channel)	19×10×1.2 25×10×1.6	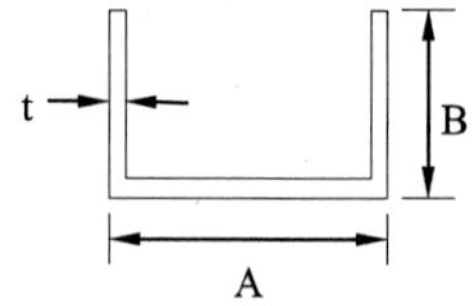	캐링채널 위치 고정
행어 (hanger)	20×50×2.0 25×100×2.0	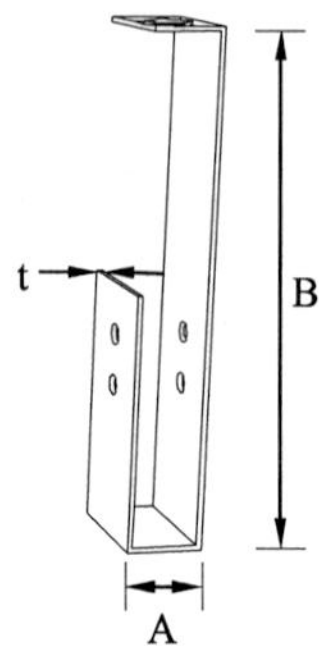	캐링채널 - 전산볼트 연결재
전산볼트	Φ9mm	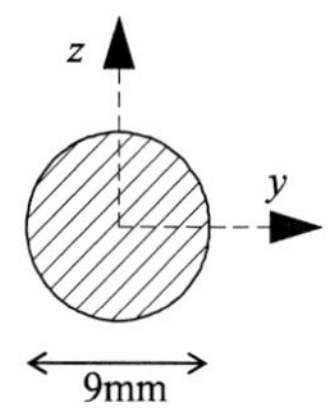	행어볼트
캐링채널 조인트 (carrying channel joint)	100×35×1.0	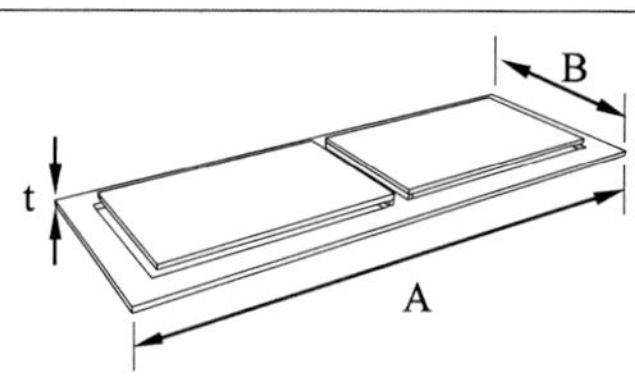	캐링채널 - 캐링채널 연결재
마이너 채널 클립	23×32×0.8	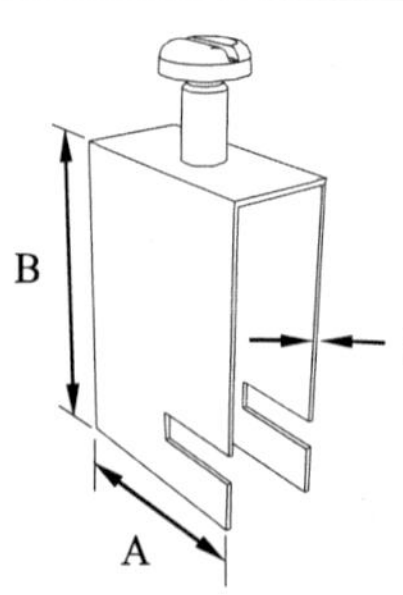	마이너 채널 - 캐링채널 연결재

[표 3.2.1] 직접현수 M-bar 천장시스템 부재 일람(계속)

규격 부재	규격 (A×B×t)	단면	용도
엠바 클립 (m-bar clip)	50×50×0.6 50×50×0.8	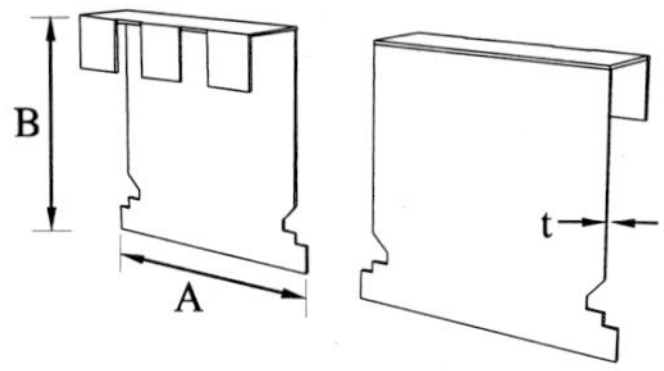	엠바-캐링채널 연결재
더블 엠마 조인트 (double M-bar joint)	42,47×17×0.5 (L = 85) 42,47×23×0.5 (L = 85)	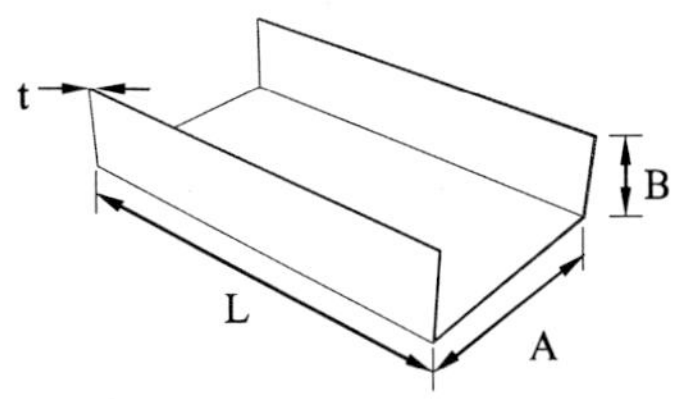	엠바-엠바 연결재
싱글 엠마 조인트 (single M-bar joint)	22×17×0.5 (L = 85)	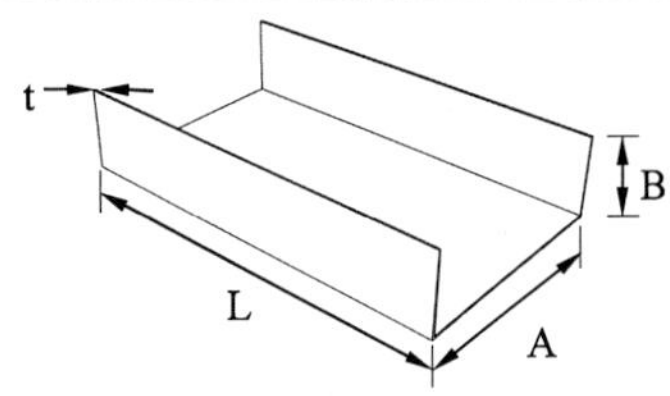	엠바-엠바 연결재

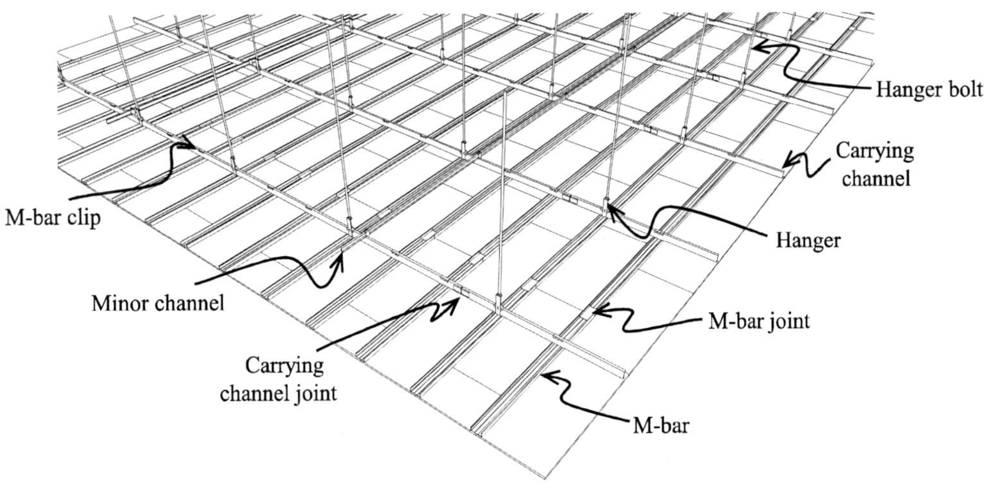

[그림 3.2.1] 부착식 천정패널이 사용된 간접현수 M-bar 천장시스템

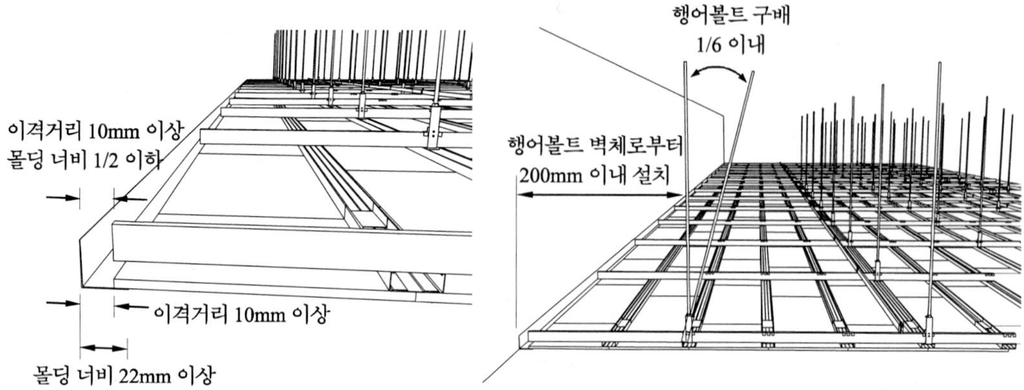

a) 캐링채널 방향 상세

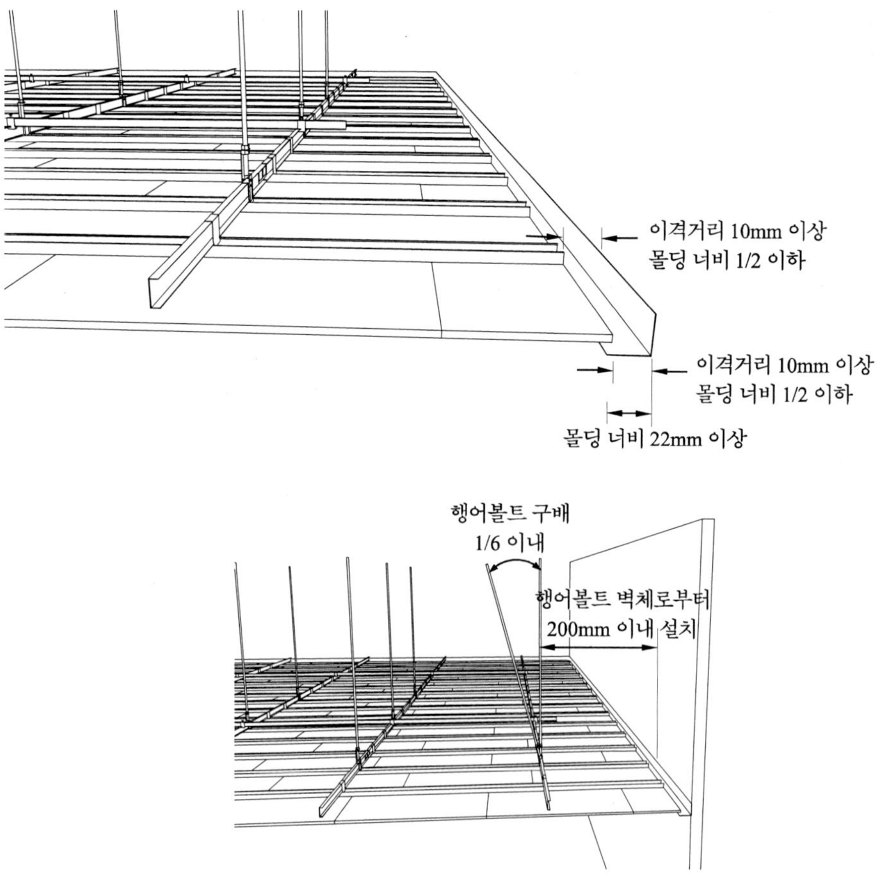

b) 엠바 방향 상세

[그림 3.2.2] 단부 이격형 부착식 천장시스템 상세 (내진설계범주 C)

3.1.1 변위흡수 (단부 이격)형 내진설계 (내진설계범주 C)

내진설계범주 C에 해당하는 천장시스템은 천장 단부를 벽체로부터 일정 간격 이격시켜 설치하여야 한다. 천장 단부에 이격을 도입 함으로써, 천장이 움직일 때 발생하는 변위를 흡수하여 벽체와 천장과의 충돌을 최소화할 수 있다. 그림 3.2.2는 부착식 천장시스템의 내진설계범주 C에 대한 요구 상세도를 보여주고 있다.

그림 3.2.2에서 볼 수 있듯이 몰딩의 너비는 22mm 이상이 되어야 하며 천장면의 단부와 벽체간의 이격거리는 10mm 이상이 되어야 한다. 여기서 단부는 그림 3.2.2(a)와 같이 천장재의 단부 및 캐링채널의 단부, 그림 3.2.2(b)와 같이 M-bar의 단부를 의미한다. 이격거리는 몰딩 너비의 1/2을 초과하지 않도록 설치하여 천장 거동이 몰딩 너비 내에서 발생하도록 해야 한다.

몰딩과 이격거리에 대한 최소요건과 더불어 그림 3.2.2의 행어볼트 설치 위치에 대한 요구조건이 만족되도록 설치되어야 한다. 부재 간 접합부, 부재 길이 방향의 연장 등 모든 부재와 부재의 연결은 기계적인 접합이 이루어지지 않아도 된다.

3.1.2 변위구속 (하중저항)형 내진설계 (주변지지클립) (내진설계범주 D)

내진설계범주 D에 요구되는 내진상세는 설치되는 천장면적에 따라 결정된다. 설치되는 천장의 면적이 250m² 미만일 경우 주변지지클립을 통한 내진설계, 250m² 이상일 경우 횡지지 시스템을 통한 내진설계를 수행해야 한다. 본 장에서는 주변지지클립을 통한 내진설계 상세에 대하여 기술하였다.

그림 3.2.3은 주변지지클립을 통한 내진설계 시, 주변지지클립이 설치되어야 하는 위치와 이격이 도입되어야 하는 위치를 보여주고 있다. 그림에서 볼 수 있듯이 인접한 두 면에 대해서는 천장시스템이 고정될 수 있도록 주변지지클립을 설치해야 하며, 나머지 인접한 두 면에 대해서는 충분한 벽체와의 이격을 확보하여 충돌을 방지해야 한다.

그림 3.2.4는 벽체와의 이격이 요구되는 천장 가장자리에 대한 상세를 보여주고 있다. 그림에서 볼 수 있듯이 몰딩은 최소 30mm 이상의 너비를 갖는 제품이 사용되어야 하며, 천장시스템의 단부와 벽체와의 이격은 최소 15mm 확보되어야 한다.

그림 3.2.5는 주변지지클립을 통한 천장시스템 구속 상세를 보여주고 있다. 주변지지클립 적용시 천장시스템의 지진하중은 주변지지클립을 통해 벽체에 전달되어야 하므로 하중의 주요경로상 부재 및 부재 간 정착부는 KDS 41 17 00 18.2에 따라 산정된 설계하중에 대하여 충분한 강도를 갖도록 설계되거나 실험에 의해 인증된 상세를 적용해야 한다.

그림 3.2.5는 주변지지클립을 적용한 상세를 보여주고 있다. 그림에서 볼 수 있듯이 주변지지클립은 캐링채널 또는 M-bar에 전달되는 지진력을 벽체에 전달할 수 있도록 기계적 접합을 통해 설치되어야 한다. 이때, 지진하중은 M-bar → M-bar clip → 캐링채널 → 주변지지클립 → 벽체 순으로 전달되므로 각 부재 간 조인트 및 M-bar clip과 캐링채널 접합부 또한 충분한 강도를 갖는 피스 또는 볼트를 통해 체결되어야 한다. 그림 3.2.5에 제시된 주변지지클립 상세는 개념적 이해를 제공하기 위해 제시된 상세로 다양한 상세의 주변지지클립이 사용될 수 있다.

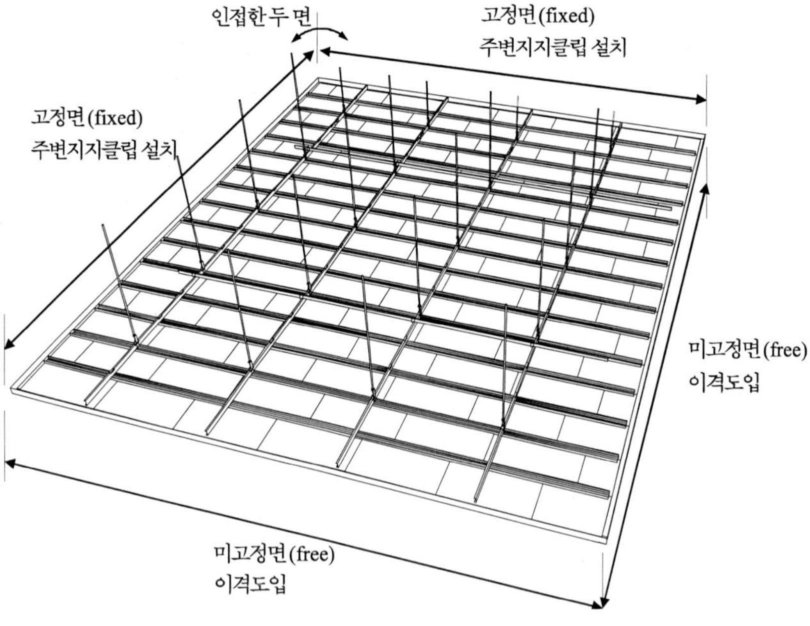

[그림 3.2.3] 내진설계범주 D 천장시스템 주변지지클립 설치 및 이격확보 영역

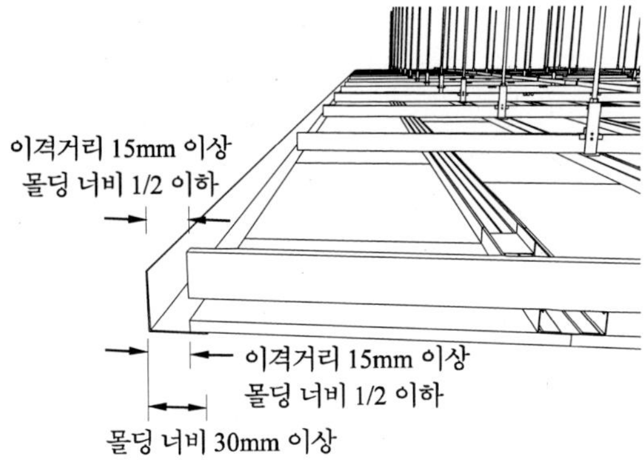

a) 캐링채널 방향 이격 상세

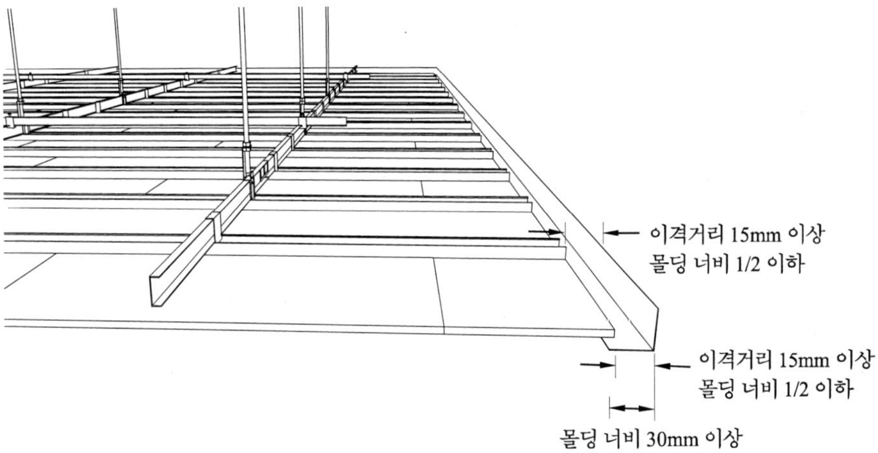

b) M-bar 방향 이격 상세

[그림 3.2.4] 내진설계범주 D의 천장시스템 단부 설계 상세

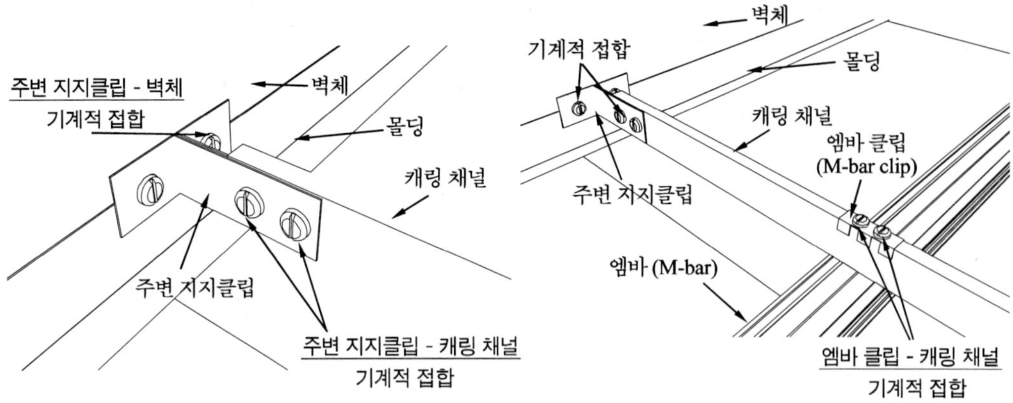

a) 캐링채널 방향 주변지지클립 및 접합부 상세

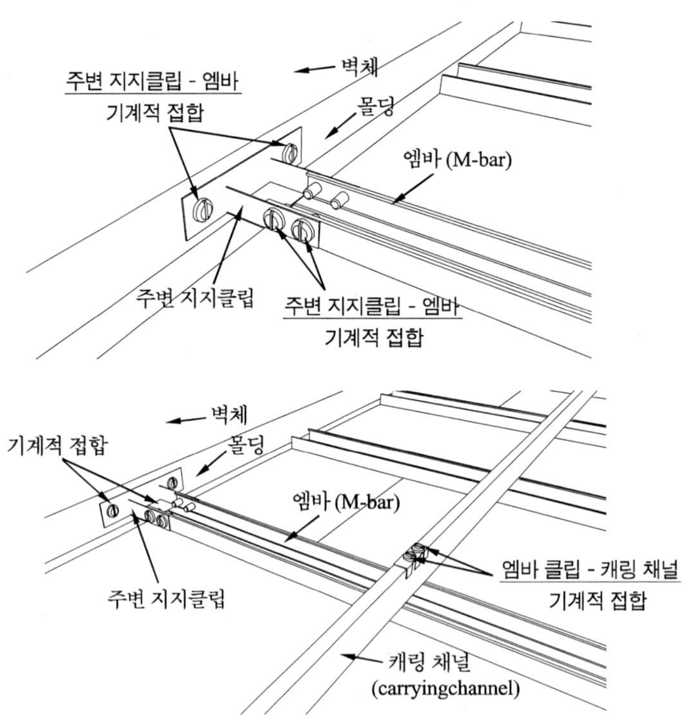

b) 엠바 방향 주변지지클립 및 접합부 상세

[그림 3.2.5] 주변지지클립 천장시스템 상세

3.1.3 변위구속 (하중저항)형 내진설계 (횡지지시스템) (내진설계범주 D)

그림 3.2.6은 횡지지시스템의 배치도를 보여주고 있다. 그림에서 볼 수 있듯이 횡지지시스템은 양단에서 1,800mm 이내에 설치되어야 하며 양방향으로 3,600mm 간격으로 설치되어야 한다. 횡지지시스템이 적용 시 천장시스템의 모든 단부는 그림 3.3.4에 따른 충분한 이격이 도입되어야 하며 벽체 (또는 몰딩)과 기계적 접합을 하지 않는다.

그림 3.2.7은 횡지지시스템이 M-bar에 직접 설치된 상세의 예를 보여주고 있다. 그림과 같이 M-bar에 횡지지시스템이 설치된 경우 지진하중이 M-bar를 통해 직접 횡지지시스템에 전달되므로 M-bar와 횡지지시스템 간 접합부 및 M-bar 조인트는 충분한 강도를 갖도록 설계되어야 한다.

그림 3.2.8은 횡지지시스템이 캐링채널에 설치된 상세의 예를 보여주고 있다. 그림과 같이 캐링채널에 횡지지시스템이 설치된 경우 지진하중은 M-bar → 캐링채널 → 횡지지시스템 순으로 전달되므로 그림 3.2.8(c)와 같이 하중 경로상의 모든 접합부 및 조인트는 피스 및 볼트를 통해 충분한 강도를 갖도록 설계되어야 한다.

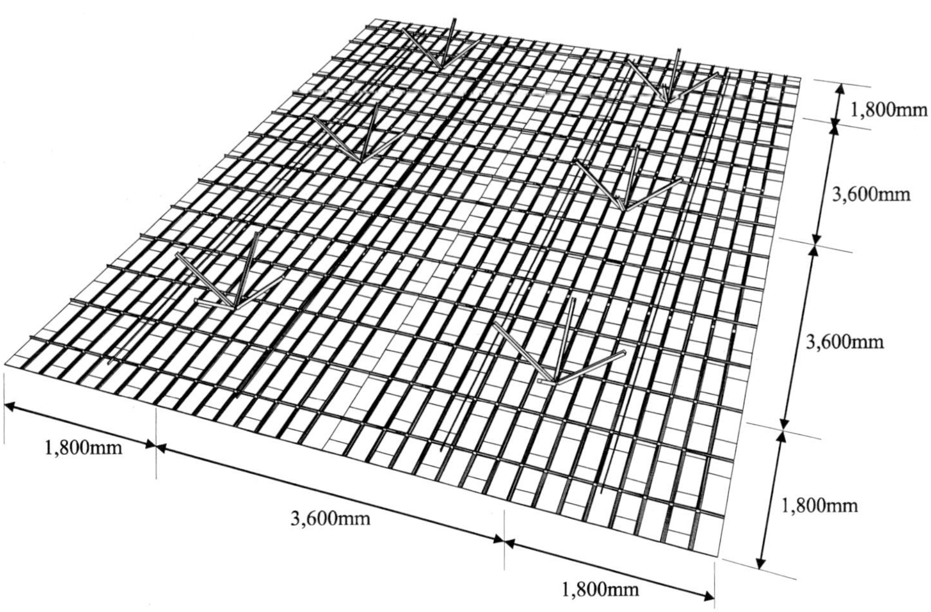

[그림 3.2.6] 천장시스템의 횡지지시스템 배치도

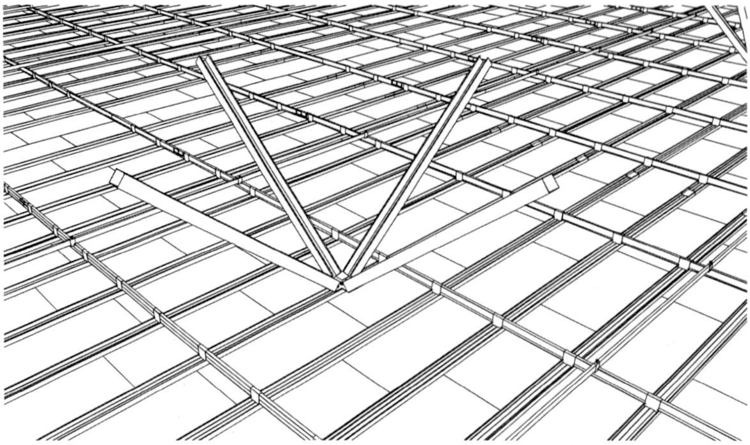

(a) M-bar 설치형 횡지지시스템

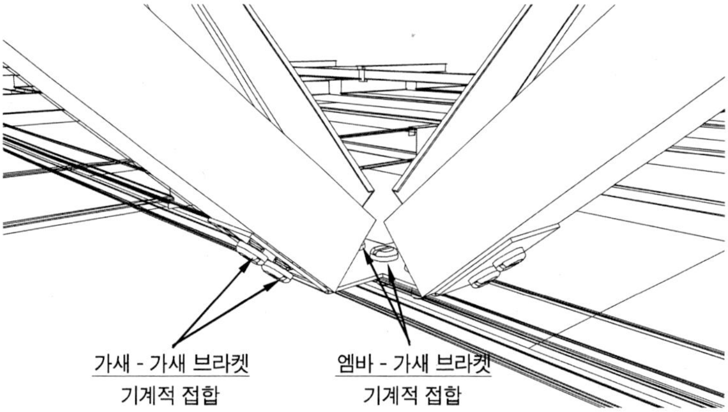

(b) M-bar 설치형 횡지지시스템 접합부 상세

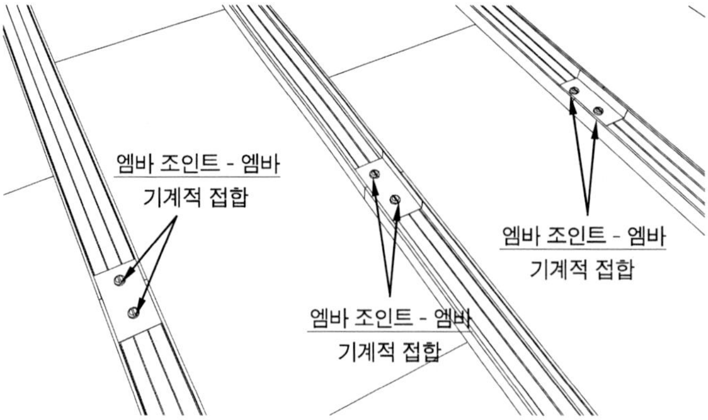

(c) M-bar 조인트 기계적 잡합 상세

[그림 3.2.7] M-bar 설치형 횡지지시스템 상세

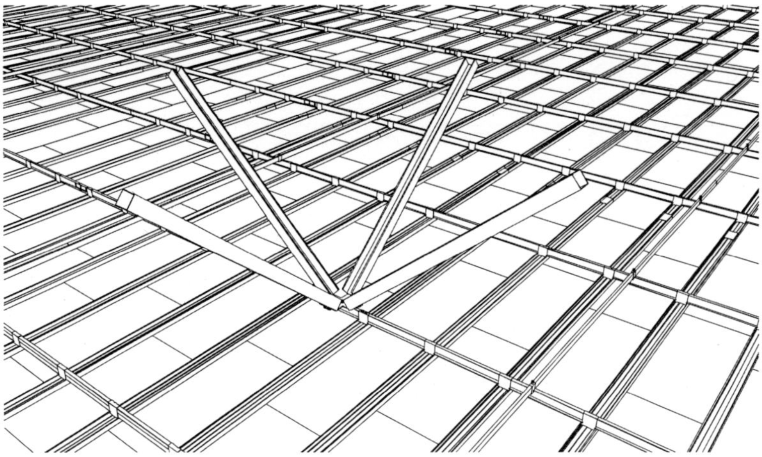

(a) 캐링채널 설치형 횡지지시스템 상세

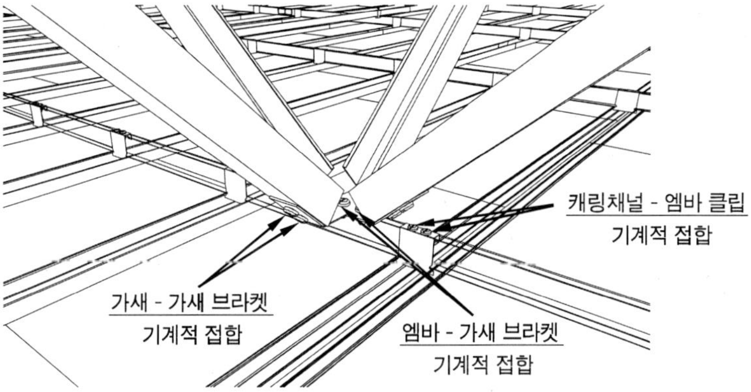

(b) 캐링채널 설치형 횡지지시스템 접합부 상세

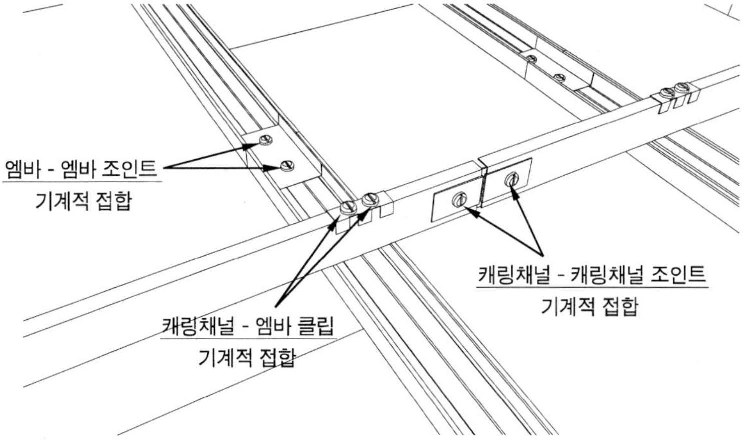

(c) 캐링채널 설치형 횡지지시스템 조인트 별 기계적 결합 상세

[그림 3.2.8] 캐링채널 설치형 횡지지시스템 상세

4장
기계 및 전기 비구조요소

기계 및 전기 비구조요소 공사는 기본적으로 설비공사(KCS 31 00)을 따라 시공한다. 이 장에서는 비구조요소 내진공사 시방서의 내용에 근거하여 내진설계가 수행되어야 하는 기계 및 전기 비구조요소를 각 정착부의 형태에 따라 분류하여 표준내진상세를 정리하였다. 본 지침에서 다루지 않는 기계 및 전기 비구조요소는 기존 내진공사 시방서의 내용을 따르거나 엔지니어의 판단하에 시공이 이루어져야 한다. 기계 및 전기 비구조요소는 지진발생 시 전도, 슬라이딩, 탈락 등이 발생하지 않도록 단단히 정착되어야 하며, 비구조요소의 무게에 따라 앵커의 크기, 개수 등이 결정되어야 한다. 기계 및 전기 비구조요소의 정착부 형태는 바닥 설치형, 베이스 설치형, 벽걸이 설치형, 천장 설치형 공법, 면내진장치 설치형으로 분류된다. 바닥 설치형 공법은 기계 및 전기 비구조요소를 콘크리트 슬래브 및 콘크리트 베이스에 직접 설치하는 공법으로 주로 앵커를 이용하여 직접 정착하거나 앵글을 이용하여 정착한다. 베이스 설치형 공법은 기계 및 전기 비구조요소를 콘크리트 슬래브가 아닌 베이스, ㄷ자 형강과 같은 베이스에 설치하는 공법이다. 벽걸이 설치형 공법은 기계 및 전기 비구조요소의 밑면을 벽에 직접 설치하는 경우와 앵글 또는 스트럿을 이용하여 설치하는 경우로 분류된다. 천장 설치형 공법은 기계 및 전기 비구조요소의 지지물에 따라 케이블, 앵글 및 스트럿, 체인 또는 막대를 이용하는 경우로 분류된다. 면내진장치 설치형은 주로 면진장치, 내진장치의 사용으로 분류되며 면내진장치는 충분한 성능이 검증되어야 한다.

4.1 바닥 설치형 공법

바닥 설치형 공법은 기계 및 전기 비구조요소를 앵글, 앵커를 이용하여 콘크리트 슬래브 및 콘크리트 베이스에 직접 설치하는 공법을 일컫는다. 그림 4.1.1은 기계 및 전기 비구조요소를 바닥에 직접 시공할 때의 유의사항에 대해 제시하고 있으며, 그림 4.1.2는 앵글을 사용한 시공상세 예시를 제시하였다. 그림 4.1.3은 앵글에 볼트 및 앵커가 설치될 때 유의사항 및 상세 예시를 제시하였다. 그림 4.1.4는 콘크리트 조인트 근방에 설치된 앵커의 상세를 제시하였다. 표 4.1.1에 비구조요소 중량당 사용 앵커 규격 및 개수를 제시하였다. 앵커는 비구조요소 한 면당 2개 이상의 앵커를 사용하는 것을 원칙으로 한다. 이외 본 공법에 대한 추가사항은 아래와 같다.

① 기기가 콘크리트 슬래브 및 콘크리트 베이스에 앵글로 설치되는 경우 시공성을 위해 앵커와 볼트를 엇갈리게 설치하며, 4개 이상의 앵글을 사용한다.
② 기기가 원형일 경우 3개 이상의 앵글로 콘크리트 슬래브 및 콘크리트 베이스에 고정한다.
③ 직접 콘크리트에 설치할 경우 부착프레임과 바닥면이 수평을 이루어 빈틈이 없게 한다.
④ 스토퍼 사용 시 콘크리트 슬래브를 연결하는 앵커는 하나의 스토퍼 당 두 개 이상을 사용한다.
⑤ 콘크리트 조인트 근처에 스토퍼, 스누버를 설치할 경우 앵커는 콘크리트 조인트부와 간격을 두어 설치한다.
⑥ 기초콘크리트 바닥에 내진력이 있는 앵커볼트로 고정시킨다.

본 절에서 제시하는 표준내진상세는 무게 4 ton 이상인 기계 및 전기 비구조요소와 비정형 비구조요소는 제외하며, 이 경우 기존 내진공사 시방서의 내용을 따르거나 엔지니어의 판단하에 시공도록 한다. 앵커와 앵글의 경우 성능이 검증된 것을 사용하여야 하며, 내부 부품간의 체결은 충분한 내진성능을 확보할 수 있어야 한다.

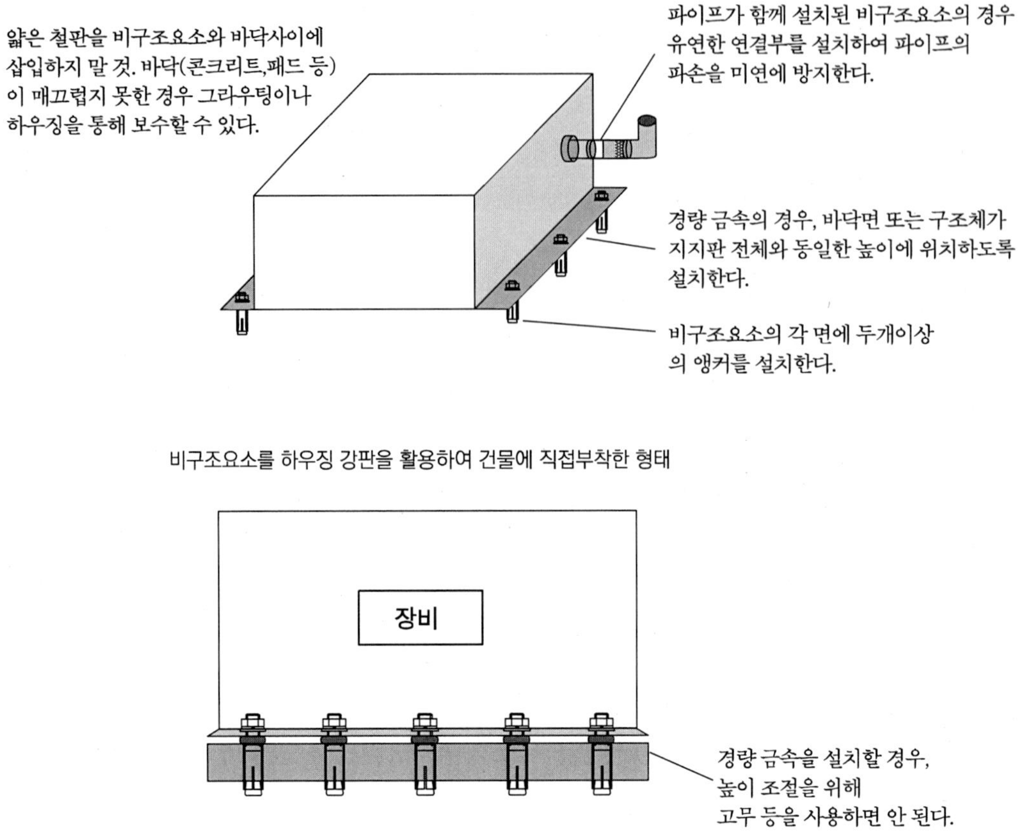

[그림 4.1.1] 기계 및 전기 비구조요소 바닥 설치시 유의사항

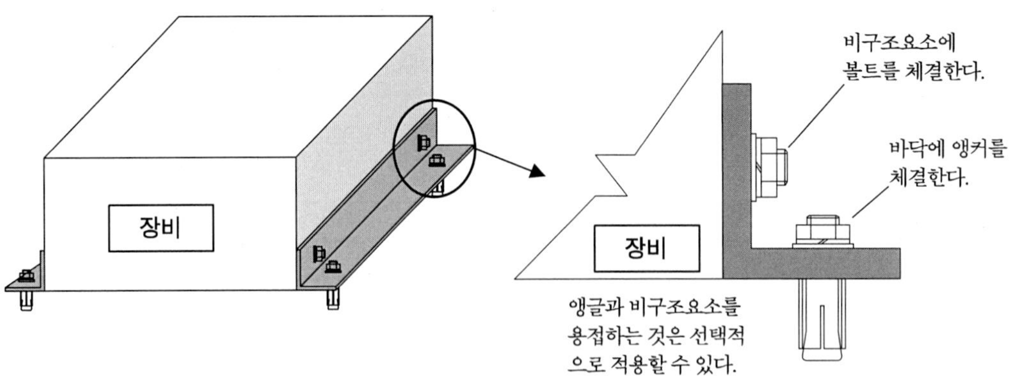

[그림 4.1.2] 앵글을 사용시 시공상세 예시

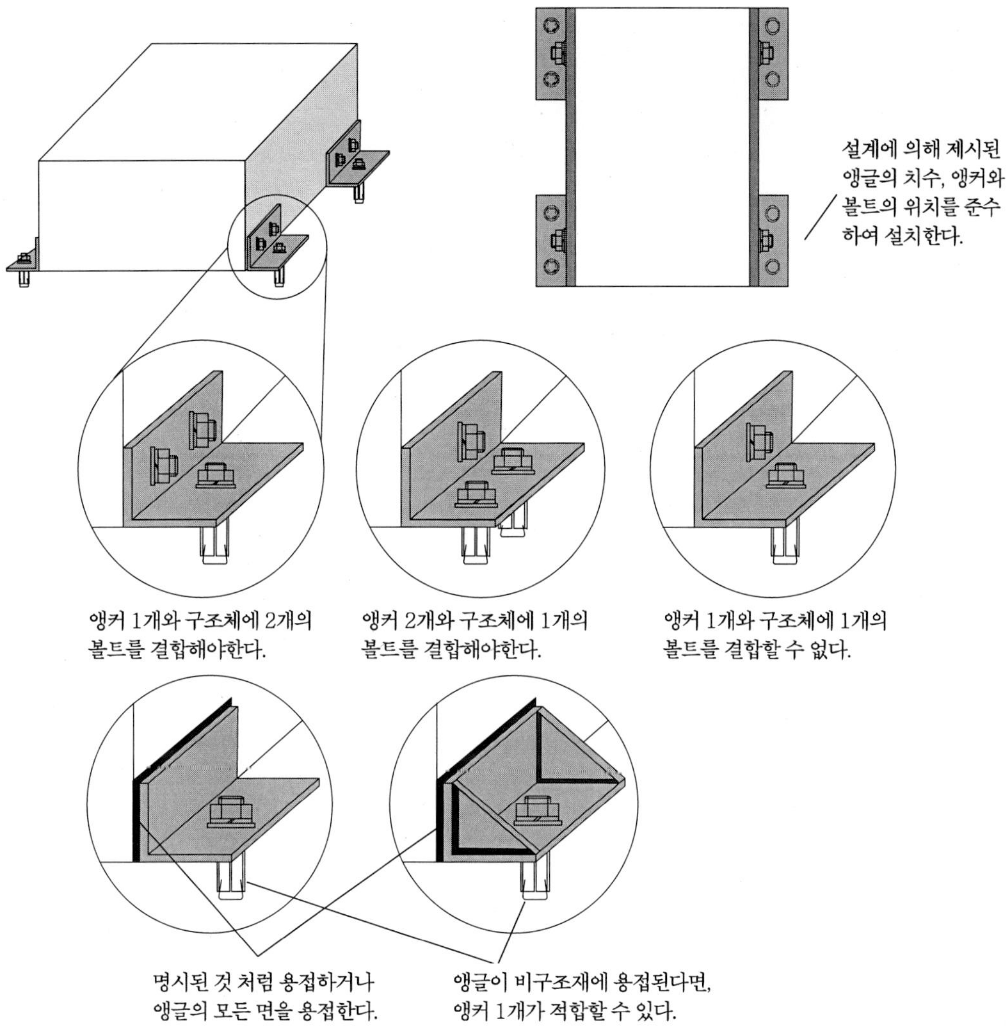

[그림 4.1.3] 앵글 사용시 앵커 및 볼트 결합 상세

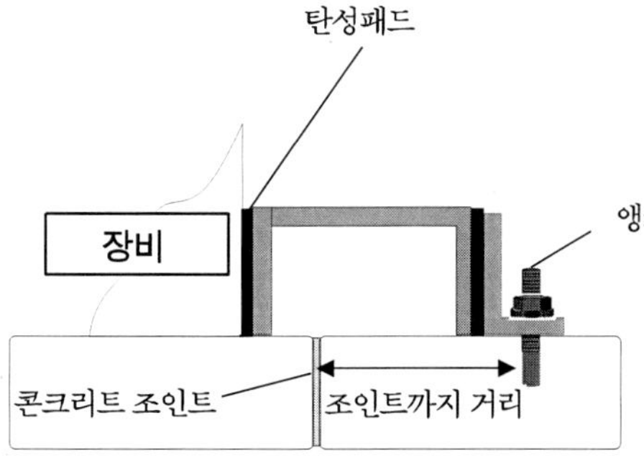

[그림 4.1.4] 콘크리트 조인트 근방 시공 상세

[표 4.1.1] 비구조요소 중량당 사용 앵커 규격

비구조요소 중량 (kg)	횡하중 F_p (N)	앵커 규격	앵커 개수 (N개 이상)
500	7,840	M6	4
		–	–
1,000	15,680	M6	6
		M8	4
1,500	23,520	M8	6
		M10	4
2,000	31,360	M10	6
		M12	4
2,500	39,200	M12	6
		M14	4
3,000	47,040	M14	6
		M16	4
3,500	54,880	M16	6
		M18	4
4,000	62,720	M18	6
		M20	4

4.2 베이스 설치형 공법

베이스 설치형 공법은 기계 및 전기 비구조요소를 콘크리트 슬래브가 아닌 ㄷ형강, 철골, 엑세스 플로어 등 베이스 상부에 설치하는 공법을 일컫는다. 그림 4.2.1은 기계 및 전기 비구조요소를 베이스 상부에 설치시 유의사항에 대해 제시하고 있으며, 그림 4.2.2는 베이스 하단부의 시공상세 예시를 제시하였다. 그림 4.2.3은 비구조요소와 베이스를 앵글로 체결할 경우에 대한 유의사항을 제시하였다. 그림 4.2.4는 베이스와 비구조요소 사이 접합부 체결 상세를 제시하였다. 표 4.2.1에 비구조요소 중량당 사용 앵커 규격 및 개수를 제시하였다. 앵커는 베이스 한 면당 2개 이상의 앵커를 사용하는 것을 원칙으로 한다. 이외 본 공법에 대한 추가사항은 아래와 같다.

① 베이스 윗면이 수평이 되도록 조정하고, 기초볼트를 바닥면에 고정시킨다.
② 베이스 위에 설치 시 장비의 무게를 지지할 수 있어야 하며 지진하중에 견딜 수 있도록 베이스의 측면을 앵글이나 케이블로 확실하게 고정한다.
③ 베이스 바닥 또는 베이스 상부면에 부착될 버팀대의 기초철판은 내진력이 있는 앵커볼트로 고정시킨다.
④ 베이스와 슬래브는 앵커를 통해 정착되어야 하며 각 면에 두 개 이상의 앵커를 사용한다.
⑤ 베이스로 사용되는 구조물은 반드시 충분한 하중을 지지할 수 있어야 한다.
⑥ 베이스가 큰 경우 안정성을 위해 스티프너를 사용한다.

본 절에서 제시하는 표준내진상세는 무게 4 ton 이상인 기계 및 전기 비구조요소와 비정형 비구조요소는 제외하며, 이 경우 기존 내진공사 시방서의 내용을 따르거나 엔지니어의 판단하에 시공도록 한다. 앵커와 앵글의 경우 성능이 검증된 것을 사용하여야 하며, 내부 부품간의 체결은 충분한 내진성능을 확보할 수 있어야 한다.

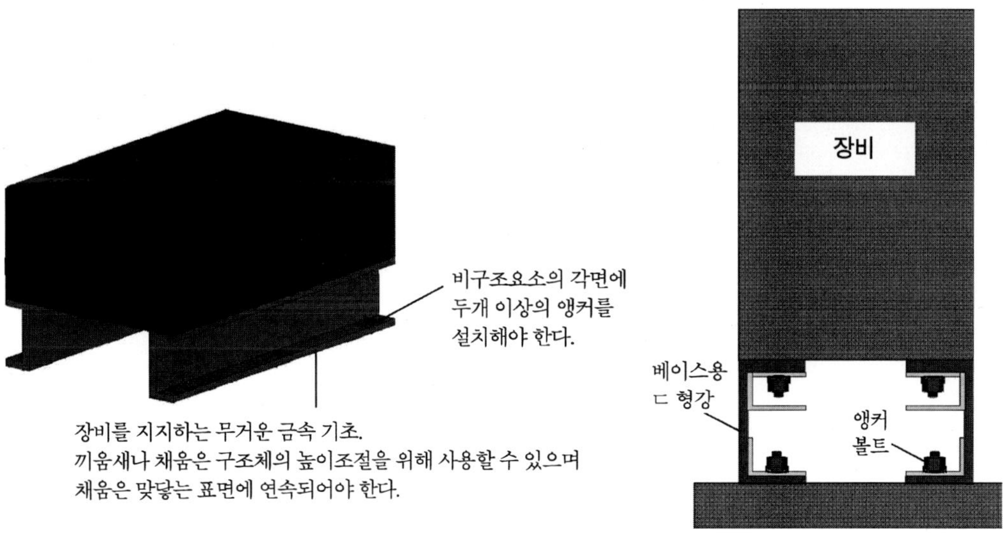

[그림 4.2.1] 기계 및 전기 비구조요소 베이스 상부 설치시 유의사항

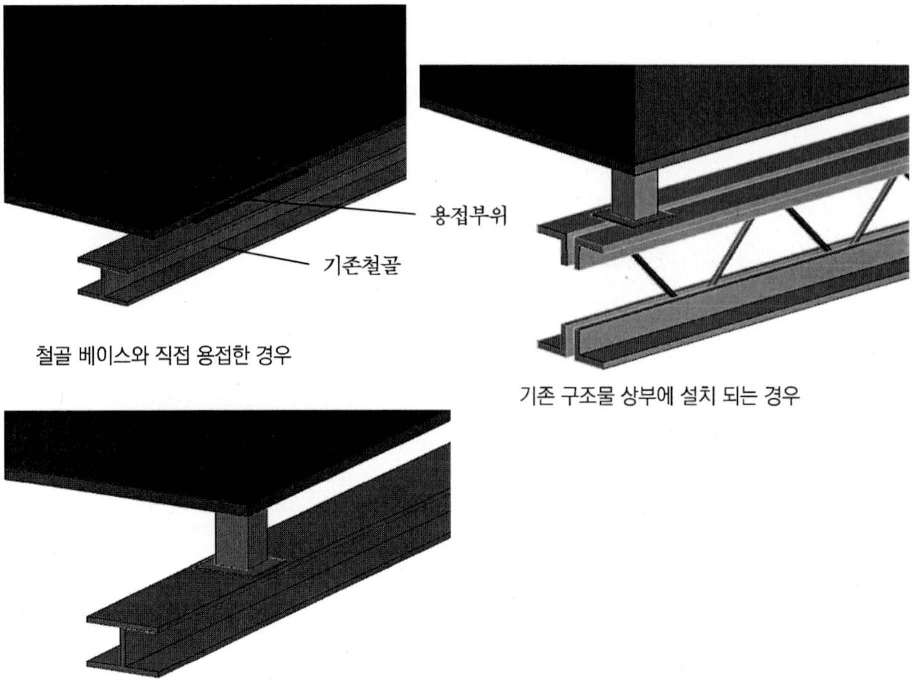

철골 베이스와 직접 용접한 경우

기존 구조물 상부에 설치 되는 경우

철골 베이스와 다리부를 통해 볼트 접합한 경우

* 주의사항 : 베이스로 사용되는 구조물은 반드시 충분한 하중을 지지할 수 있어야 한다.

[그림 4.2.2] 기계 및 전기 비구조요소 베이스 하단부 시공상세

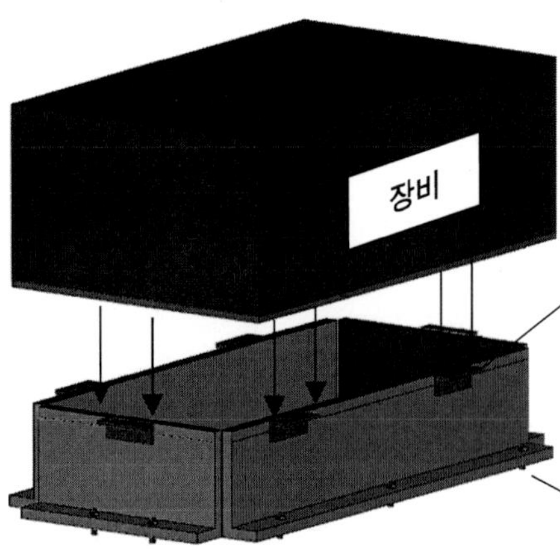

[그림 4.2.3] 앵글을 사용한 베이스 정착상세

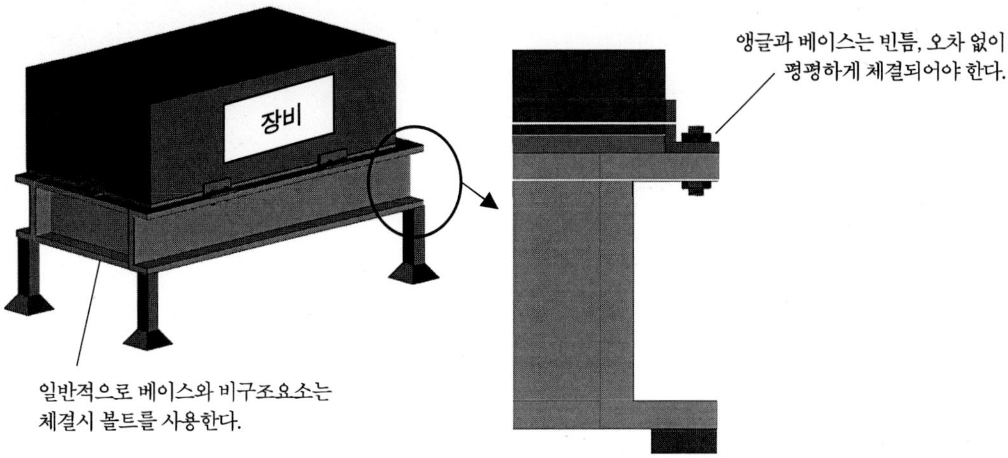

[그림 4.2.4] 베이스와 비구조요소 접합부 상세

[표 4.2.1] 비구조요소 중량당 사용 앵커 규격

비구조요소 중량 (kg)	횡하중 F_p (N)	앵커 규격	앵커 개수 (N개 이상)
500	7,840	M6	4
		–	–
1,000	15,680	M6	6
		M8	4
1,500	23,520	M8	6
		M10	4
2,000	31,360	M10	6
		M12	4
2,500	39,200	M12	6
		M14	4
3,000	47,040	M14	6
		M16	4
3,500	54,880	M16	6
		M18	4
4,000	62,720	M18	6
		M20	4

4.3 벽걸이 설치형 공법

벽걸이 설치형 공법은 기계 및 전기 비구조요소를 앵커 볼트, 스트럿, 앵글 등을 사용하여 콘크리트 벽, 조적벽 등에 설치하는 공법을 일컫는다. 그림 4.3.1은 기계 및 전기 비구조요소의 벽걸이 설치상세 예시를 제시하였으며, 그림 4.3.2는 앵글로 지지되는 면에 설치되는 설치 상세 및 유의사항을 제시하였다. 그림 4.3.3은 지면과 함께 접합되고 벽면에 설치되는 비구조요소의 설치 상세 및 유의사항을 제시하였다. 그림 4.3.4는 벽면에 스트럿과 앵커를 사용하여 직접 정착되는 비구조요소를 제시하였으며 이에 대한 유의사항을 제시하였다. 이외 본 공법에 대한 추가사항은 아래와 같다.

① 벽에 직접 설치가 가능한 장비는 브라켓을 이용하여 2개 이상의 앵커볼트로 고정한다.
② 장비의 상시 진동이 있는 경우 이에 대해서 앵커가 충분히 견딜수 있어야 한다.
③ 벽에 직접 설치가 불가능한 장비들은 앵글 또는 스트럿을 이용하여 4개 이상의 앵커볼트로 고정한다.
④ 벽에 다른 부착물이나 장애물이 있는 경우 스프링 너트를 이용하여 벽과 장비 사이의 이격거리를 두어 고정한다.
⑤ 벽은 앵커로 고정되어 있는 장비의 하중을 견딜 수 있는지 검증되어야 한다.

본 절에서 제시하는 표준내진상세는 무게 4 ton 이상인 기계 및 전기 비구조요소와 비정형 비구조요소는 제외하며, 이 경우 기존 내진공사 시방서의 내용을 따르거나 엔지니어의 판단하에 시공도록 한다. 앵커와 앵글의 경우 성능이 검증된 것을 사용하여야 하며, 내부 부품간의 체결은 충분한 내진성능을 확보할 수 있어야 한다.

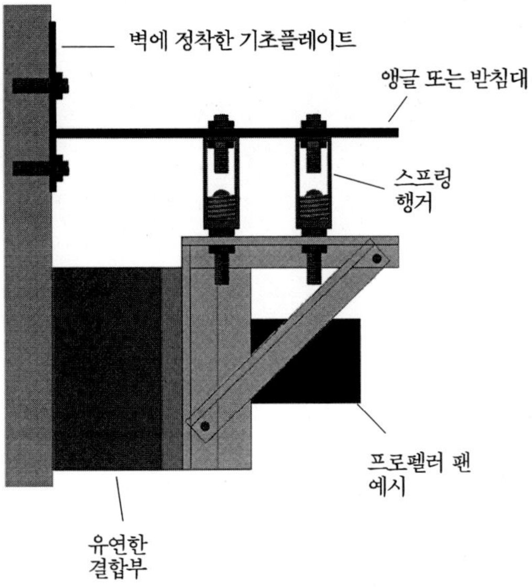

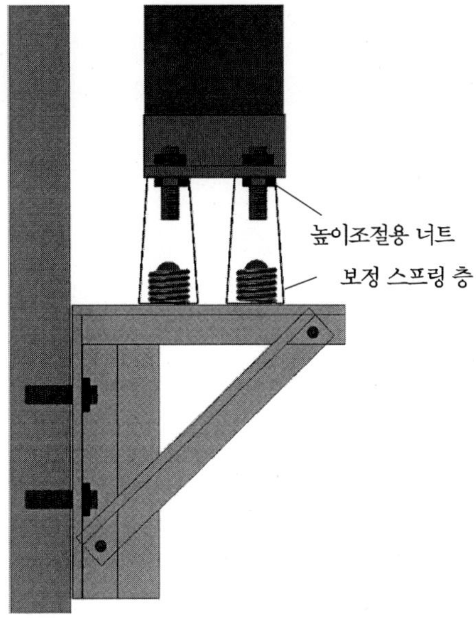

[그림 4.3.1] 기계 및 전기 비구조요소 벽걸이 설치 예시

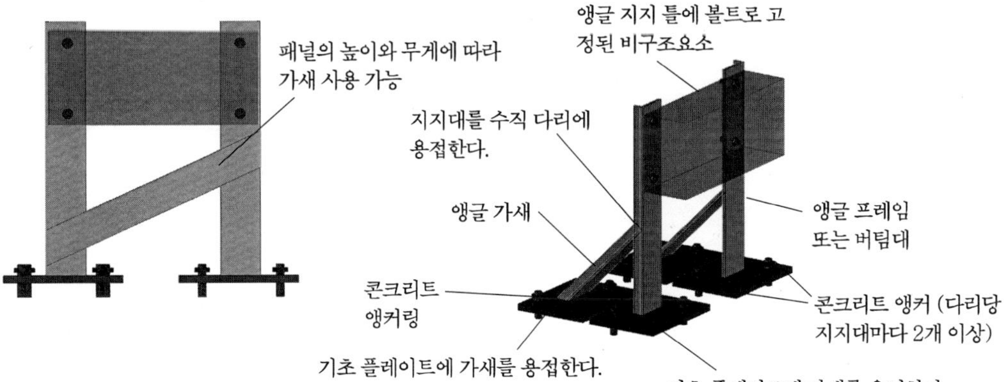

[그림 4.3.2] 앵글로 지지되는 면에 설치되는 설치 상세

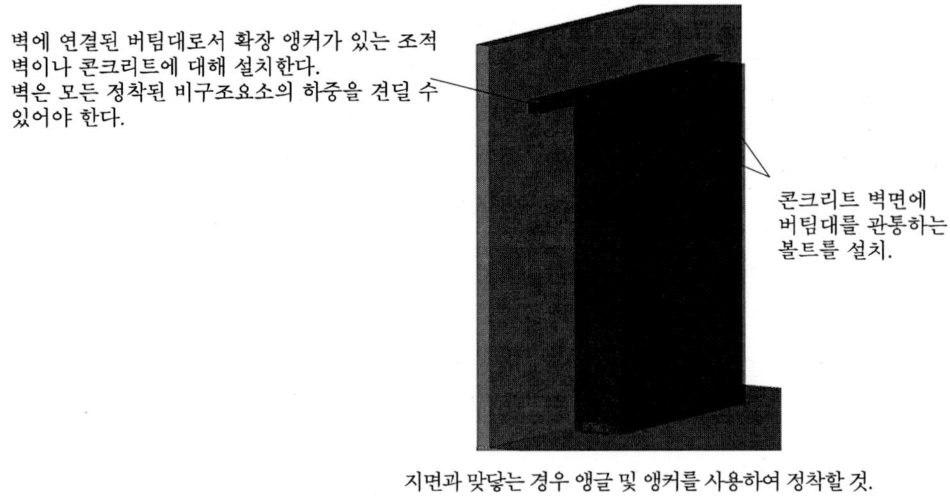

[그림 4.3.3] 지면과 함께 접합되고 벽면에 설치되는 비구조요소의 설치 상세

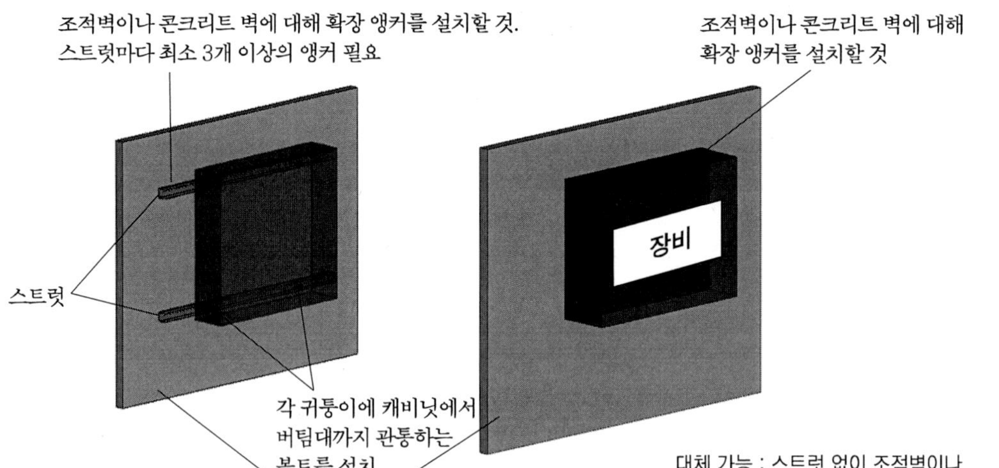

[그림 4.3.4] 벽면에 스트럿과 앵커를 사용하여 직접 정착되는 상세

4.4 천장 설치형 공법

천장 설치형 공법은 기계 및 전기 비구조요소를 와이어, 스트럿, 앵글 등을 사용하여 천장에 설치하는 공법을 일컫는다. 그림 4.4.1은 기계 및 전기 비구조요소의 천장 설치형 와이어 상세 예시를 제시하였으며, 그림 4.4.2는 와이어로 지지되는 천장 설치형 상세를 제시하였다. 그림 4.4.3은 앵글로 지지되는 천장 설치형 상세를 제시하였다. 표 4.4.1에 비구조요소 중량당 사용 와이어 및 개수를 제시하였다. 와이어는 6 x 24 FC (KS 규격)을 기준으로 총 4곳에 연결되는 것으로 작성되었으며, 천장과 와이어의 각도는 45˚로 가정하였다. 이외 본 공법에 대한 추가사항은 아래와 같다.

① 천장에 설치 시 지진발생시 낙하로 인한 피해가 발생하지 않도록 하부에 중요장비를 배치하지 않는다.
② 하부 철지지물 4곳 이상에 내진 케이블 또는 내진 브라켓을 서로 엇갈리게(45°±15°) 설치하여 지진 발생 시 건물의 건축구조물과 함께 움직일 수 있도록 하고 내진력을 가진 앵커볼트를 천장면에 설치한다.
③ 천장걸이형은 길이칠물과 J형 볼트, 앵기를 사용히여 건고하게 설치한다. 은폐 설치할 때에는 보수 및 점검이 쉽도록 설치한다.
④ 케이블를 사용할 시 지진하중에 대비하여 측면지지대를 설치해야하며 장비만을 걸기위해서는 사용해서는 안된다.
⑤ 천정에 설치되는 장비지지용 철지지물은 건축 구조 기술사에 의해 표준 강재의 허용응력을 참조하여 압축력과 인장력에 대하여 충분히 만족할 수 있는 구조 위에 설치될 수 있도록 한다.
⑥ 수직 고정용 전산로드의 경우 지진력에 의해서 변형이 발생할 수 있으므로 강성 보강용 내진로드를 설치한다.

본 절에서 제시하는 표준내진상세는 무게 4 ton 이상인 기계 및 전기 비구조요소와 비정형 비구조요소는 제외하며, 이 경우 기존 내진공사 시방서의 내용을 따르거나 엔지니어의 판단하에 시공도록 한다. 천장설치시 비구조요소의 내부 부품 또는 중요 부품의 외부 노출이 없어야 하며, 앵커, 앵글 및 와이어의 경우 성능이 검증된 것을 사용하여야 한다. 내부 부품간의 체결은 충분한 내진성능을 확보할 수 있어야 한다.

[표 4.4.1] 비구조요소 중량당 사용 와이어 지름 및 개수

비구조요소 중량 (kg)	횡하중 F_p (N)	앵커 규격	앵커 개수 (N개 이상)
500	7,840	M6	4
		–	–
1,000	15,680	M6	6
		M8	4
1,500	23,520	M8	6
		M10	4
2,000	31,360	M10	6
		M12	4
2,500	39,200	M12	6
		M14	4
3,000	47,040	M14	6
		M16	4
3,500	54,880	M16	6
		M18	4
4,000	62,720	M18	6
		M20	4

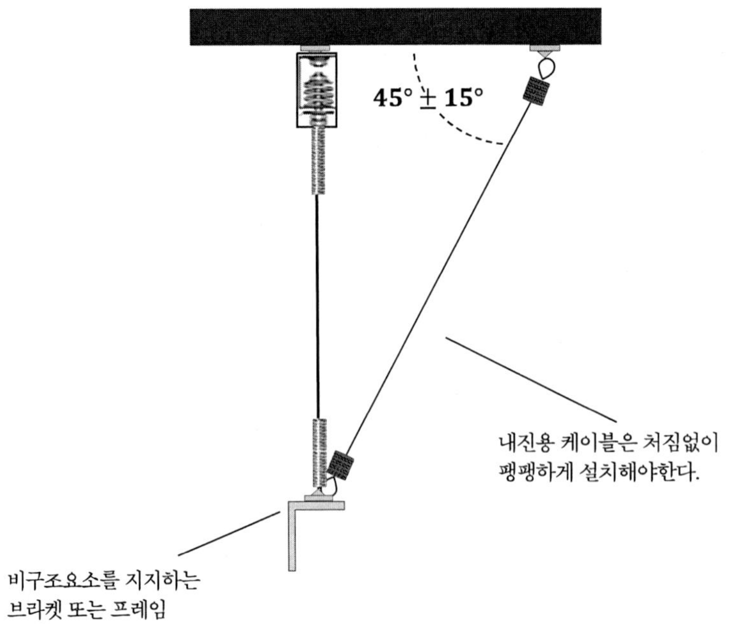

[그림 4.4.1] 기계 및 전기 비구조요소 천장 설치시 와이어 예시

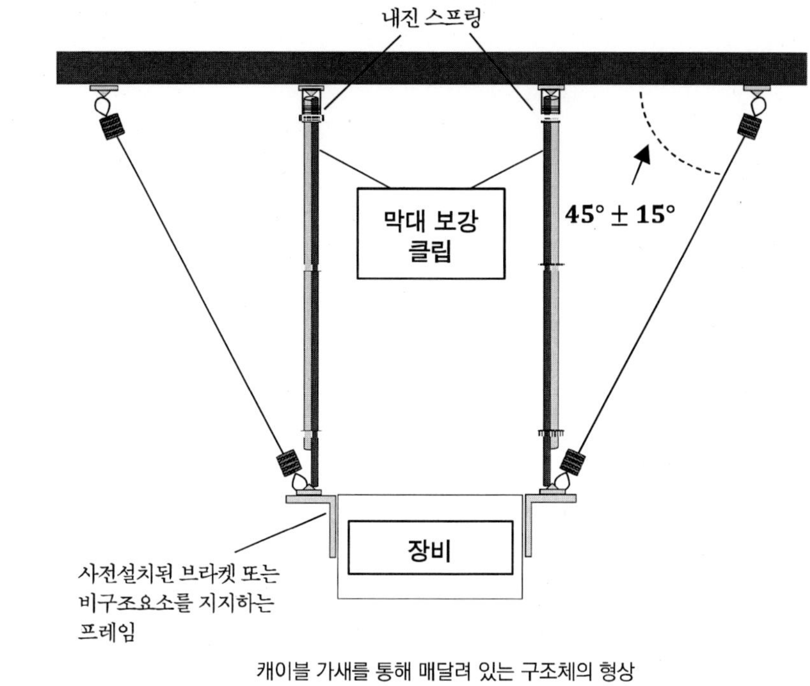

[그림 4.4.2] 기계 및 전기 비구조요소 천장 설치형 와이어 사용 예시

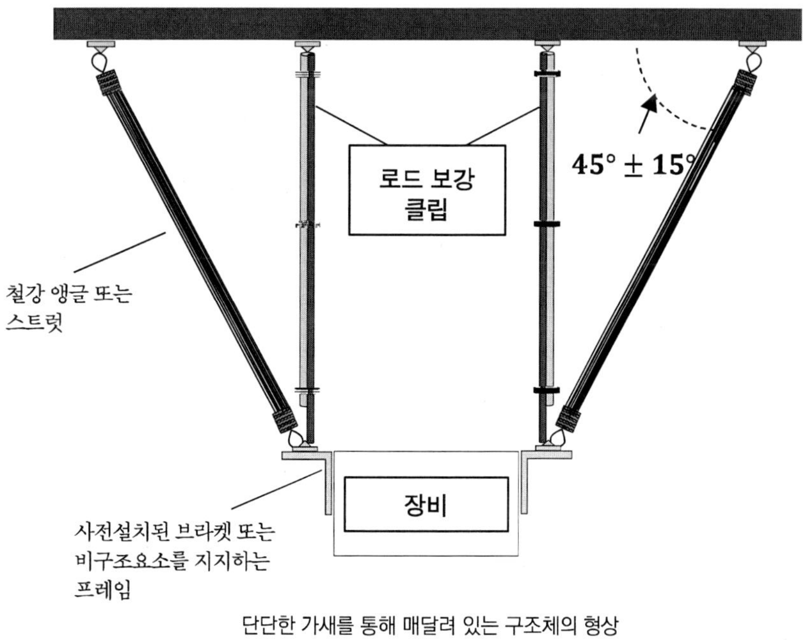

[그림 4.4.3] 기계 및 전기 비구조요소 천장 설치형 앵글 또는 스트럿 사용 예시

4.5 면내진장치 설치형

면내진장치 설치형 공법은 기계 및 전기 비구조요소의 하단부에 내진장치, 면진장치를 사용하여 콘크리트 슬래브에 설치하는 공법을 일컫는다. 그림 4.5.1은 스프링 면진장치가 설치된 기계 및 전기 비구조요소 상세를 제시하였으며, 그림 4.5.2는 완충기(스토퍼)를 설치한 상세에 대하여 제시하였다. 이외 본 공법에 대한 추가사항은 아래와 같다.

① 내진장치 및 면진장치의 경우 내진성능이 검증된 제품을 사용해야 한다.
② 면·내진장치와 비구조요소의 설치면은 수평을 이루어야 하며 빈틈이 없어야 한다.
③ 스토퍼 사용 시 콘크리트 슬래브를 연결하는 앵커는 하나의 스토퍼 당 두 개 이상을 사용한다.
④ 스토퍼와 베이스 혹은 비구조요소간의 직접 연결은 하지 않는다.

본 절에서 제시하는 표준내진상세는 무게 4 ton 이상인 기계 및 전기 비구조요소와 비정형 비구조요소는 제외하며, 이 경우 기존 내진공사 시방서의 내용을 따르거나 엔지니어의 판단하에 시공도록 한다. 앵커 및 앵글의 경우 성능이 검증된 것을 사용하여야 한다. 내부 부품간의 체결은 충분한 내진성능을 확보할 수 있어야 한다.

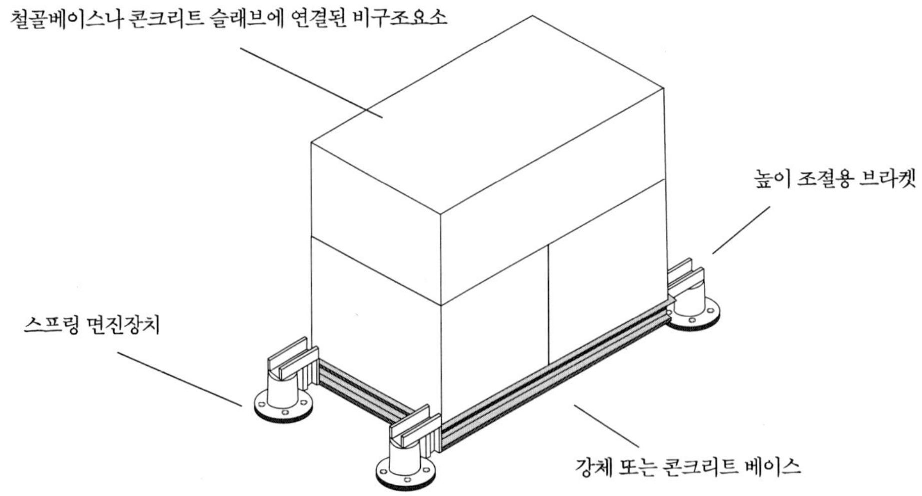

[그림 4.5.1] 기계 및 전기 비구조요소 바닥 설치시 유의사항

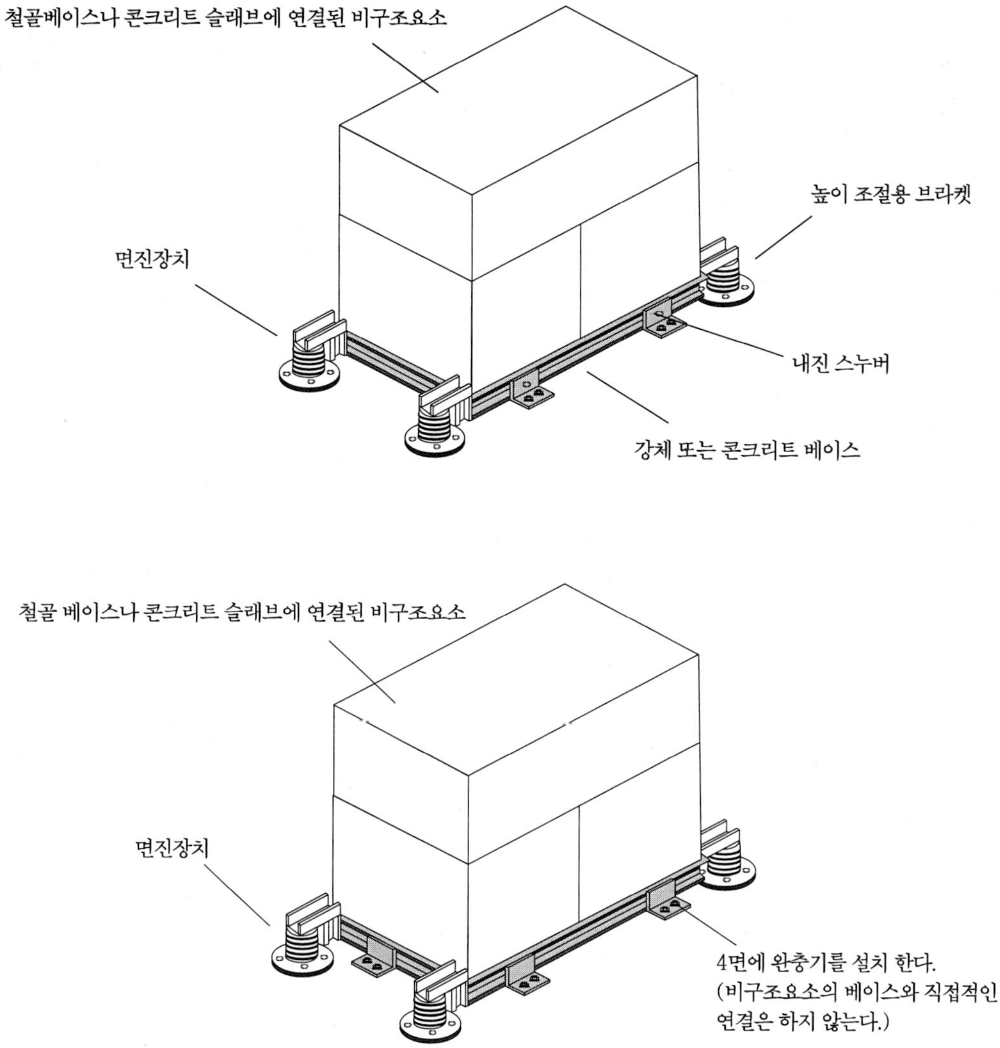

[그림 4.5.2] 기계 및 전기 비구조요소 바닥 설치시 유의사항

5장 이중바닥

이중바닥 공사는 비구조 내진공사 시방서에서 일반 이중바닥(2.4.3), 특수 이중바닥(2.4.4)로 구분되어 있다. 이 장에서는 비구조요소의 내진공사 시방서에 근거하여 내진설계가 수행되어야 하는 이중바닥 중 특수 이중바닥으로 규정되지 않는 일반 이중바닥에 대한 표준내진상세를 정리하였다. 여기서 다루지 않는 이중바닥 공사는 KCS 41 51 03에 따라 시공되어야하며 사용되는 자재는 KS 규격 및 KDS 41 17 00 기준을 만족해야한다.

이중바닥은 용도에 따라 크게 O.A 플로어와 액세스 플로어로 구분되어 구성요소에서 차이가 있다. O.A 플로어는 패널과 페데스탈로 구성되어 패널을 페데스탈헤드에 접합한다. 액세스플로어는 O.A 플로어와 달리 페데스탈 헤드 사이를 스트링거로 연결하여 패널을 스트링거 사이에 설치한다. 스트링거를 제외하고 대부분의 상세가 유사하므로, 이 장에서는 액세스플로어의 상세를 기준으로 이중바닥의 표준내진상세를 설명한다.

5.1 일반 이중바닥 공법

일반적인 이중바닥은 그림 5.1.1과 같이 패널과 페데스탈로 구성되며, 스트링거가 포함된 경우도 있다. 스트링거와 페데스탈은 스크류 볼트로 접합된다. 스트링거가 포함된 이중바닥의 경우 유지보수를 위해 패널은 별도로 고정되지 않으며, 스트링거가 없는 경우 패널은 페데스탈 헤드와 기계적으로 접합된다.

그림 5.1.2는 이중바닥 시스템에서 마감부의 시공방법을 설명한다. 단부에 설치되는 이중바닥은 벽면에 맞닿는 패널과 페데스탈 간 고정이 불가능하므로 다른 종류의 페데스탈

헤드를 사용하여 패널을 고정하는 형식을 취한다. 패널의 경우는 현장상황에 따라 재단하여 사용하며, 한쪽면만 페데스탈과 고정된다. 스트링거를 설치하는 경우, 스트링거를 재단하여 한쪽만 접합한 뒤 패널을 설치하거나, 스트링거를 설치하지 않고 패널만 설치한다. 이로인해 이중바닥은 지진발생 시 시스템의 붕괴 또는 패널 탈락에 의해 재실자의 인명안전을 확보하지 못할 수 있다. 그림 5.1.3은 국내에서 일반적으로 설치되는 이중바닥 시스템의 평면도와 단면도를 나타낸다.

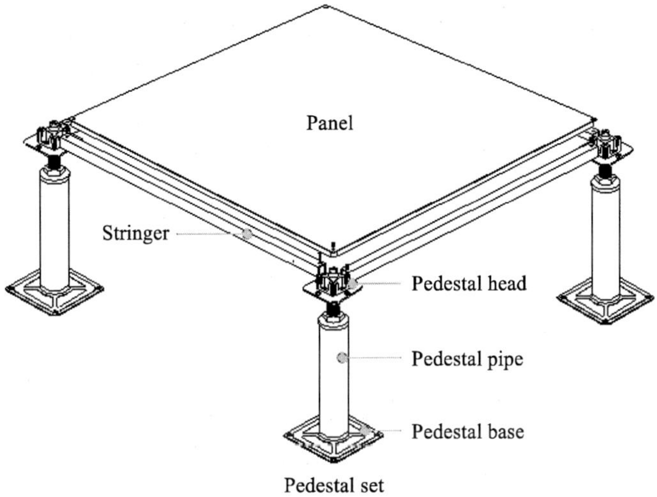

[그림 5.1.1] 이중바닥의 구성도

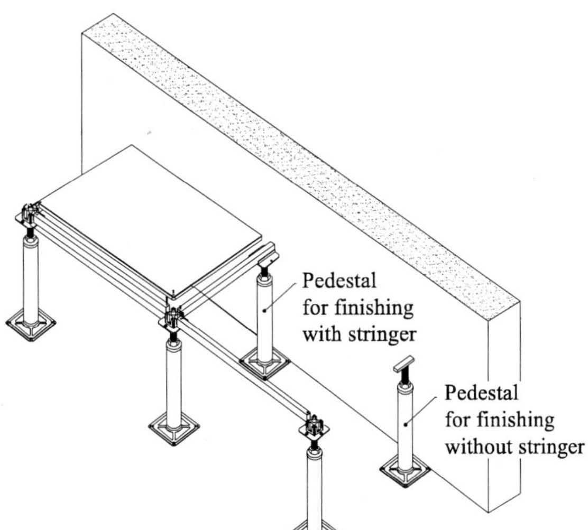

[그림 5.1.2] 이중바닥 시스템의 마감부(벽부) 시공방법

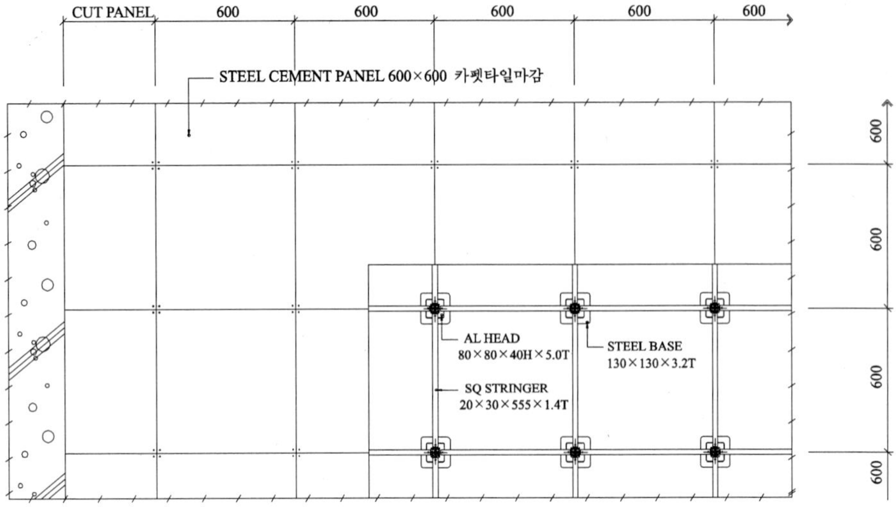

[평면도]

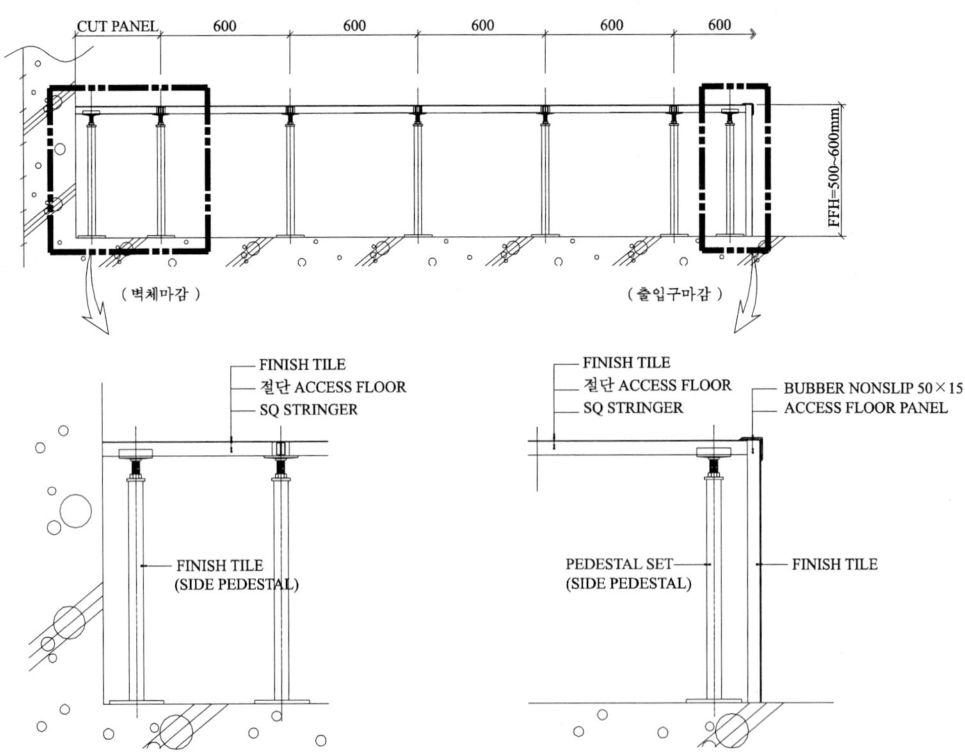

[단면도]

[그림 5.1.3] 이중바닥 시스템의 평면도와 단면도

이중바닥의 시공 시 내진 시방서에 따라 아래 항목을 고려해야 한다.

(1) 장비가 전도될 위험이 있는 경우에는 장비와 이중바닥을 고정한다.
(2) 장비가 고정된 이중마루의 패널은 반드시 페데스탈 또는 수평격자구조(스트링거)와 기계적으로 접합되어야 한다.
(3) 장비와 패널의 고정방법은 SINE 비구조요소 시방서의 3.17.3 내진설비공사를 따른다.
(4) 장비가 적용되지 않는 구역 내에서는 유지보수 등의 사유에 의해 패널과 페데스탈을 일부 고정하지 않을 수 있다. 그러나 대피경로 및 출입구에 해당하는 구역에서는 반드시 패널과 페데스탈 또는 수평격자구조(스트링거)와 기계적으로 접합해야한다.
(5) 페데스탈과 이중마루 패널의 결합부는 지진 시 지주의 붕괴나 패널의 탈락을 방지할 수 있도록 나사결합방식 또는 결합구 결합방식 등으로 접합해야하며, 패널의 모서리가 모두 고정되어야 한다.
(6) 이중바닥을 구성하는 부재가 기계적으로 결합되지 않은 경우, 이중바닥 패널에 고정된 장비의 전도효과를 고려하여 슬립온 헤드가 페데스탈 파이프로부터 이탈되지 않도록 하여야 한다. 페데스탈 헤드의 종류 중 하나인 슬립온 헤드는 페데스탈 파이프와 기계적으로 접합되지 않아 수직방향으로 이동이 가능한 페데스탈 헤드를 의미한다.
(7) 페데스탈을 구조체와 접착제로 고정하는 경우에는 다음 요구조건들을 만족하도록 하여야 한다.
   ① 접착제의 접착강도가 확인된 제품을 사용하거나, 접착력에 대한 시험을 실시하여야 한다.
   ② 바닥 콘크리트의 표면 강도가 부족한 경우, 바닥 표면의 박리에 의해 페데스탈과의 접착강도가 충분히 발휘되지 못할 수 있으므로, 바닥 콘크리트는 평탄도와 충분한 표면강도를 확보하여야 한다.
   ③ 접착제는 페데스탈 바닥면의 면적을 충분히 채우도록 도포하고 충분한 강도를 갖도록 양생을 실시한다.
(8) 페데스탈을 구조체와 앵커 및 볼트 접합을 할 경우 페데스탈 당 최소 2개소 이상 적용하며 대칭으로 시공한다.

그림 5.1.4는 패널을 페데스탈 헤드에 기계적으로 결합하는 상세를 나타낸다. 장비의 전도 위험 등의 문제로 인하여 패널에 장비가 고정될 경우 이 상세를 따른다. 그림 5.1.5는 페데스탈 헤드와 페데스탈 파이프가 기계적으로 결합될 수 있는 상세를 나타낸다. 그림

5.1.6 및 그림 5.1.7은 슬라브 바닥과 이중바닥 시스템의 고정을 위해 앵커볼트로 접합하는 상세를 나타낸다.

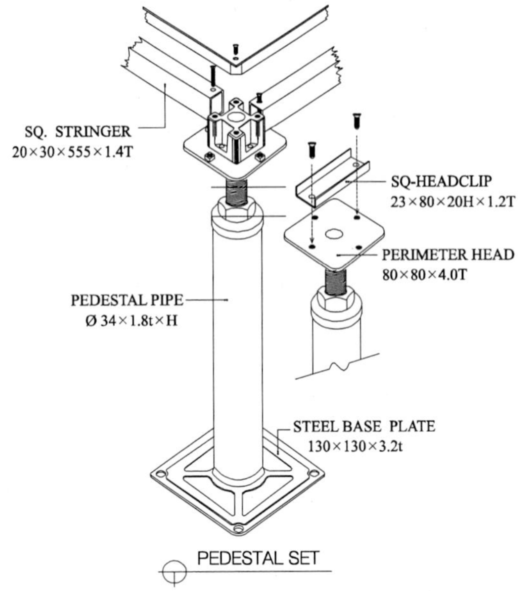

[그림 5.1.4] 패널과 페데스탈간 기계적 접합 상세

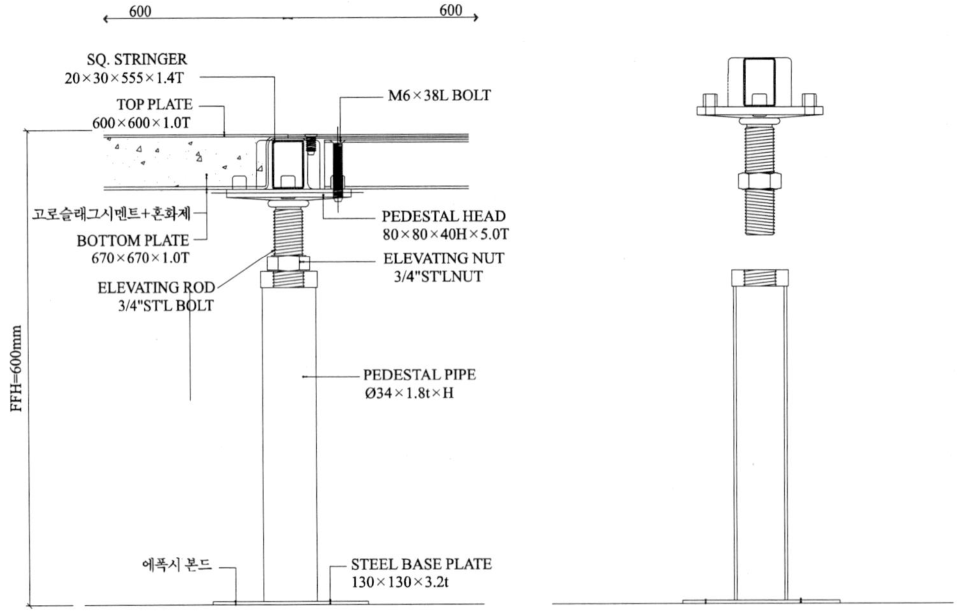

[그림 5.1.5] 페데스탈 헤드와 페데스탈 파이프간 기계적 접합 상세

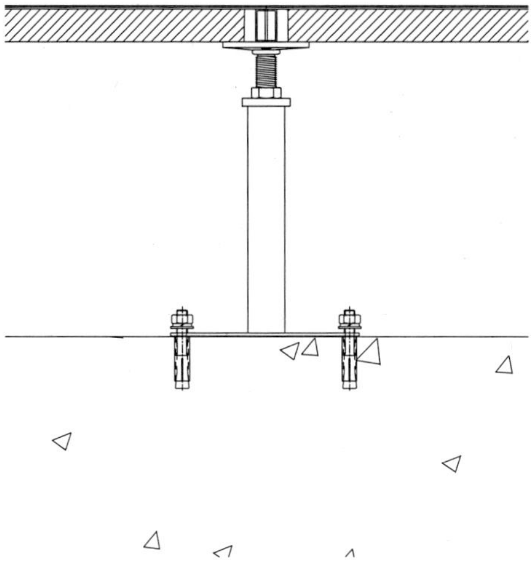

[그림 5.1.6] 페데스탈과 슬래브의 앵커볼트 접합

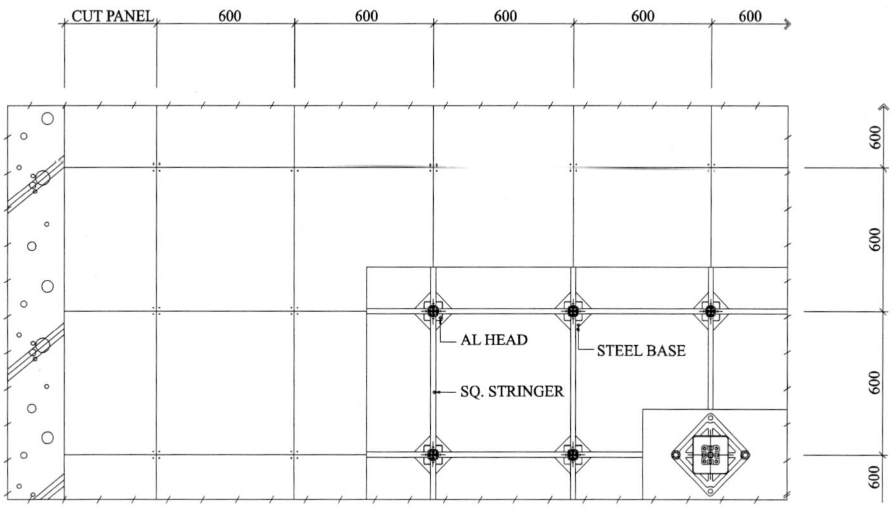

[그림 5.1.7] 페데스탈 베이스와 콘크리트 슬래브간 앵커볼트 고정 배치 예시

6장
배관

배관 공사는 비구조요소 내진공사 시방서에 배관설비 공사(3.2), 스프링클러 배관 공사(3.3)로 분류하여 제시하였다. 배관설비 및 스프링클러 설비 공사에서 배관이나 부속 철물 등은 규격화되어 있으나 배관 설비 라인은 건물의 다양성 만큼이나 다양하고 복잡하게 구성된다. 또한, 배관라인은 평면상 뿐만 아니라 건물의 높이 방향으로도 설치되기 때문에, 일반적으로 설비를 설계하는 하나의 지진하중으로 전체가 연결된 배관시스템을 설계할 수 없다. 건물에 설치되는 비구조요소는 지진가속도가 입력되어 건물의 각 층에서 발생하는 응답가속도를 바탕으로 지진하중이 산정되며 건물의 전 층에 걸쳐 구조부재에 정착되어 있는 배관은 각 층의 정착부 마다 다른 크기의 지진하중이 산정되는 것이다. 따라서 배관의 효율적인 내진설계 및 시공을 위해서는 층별 또는 구간별로 분리하는 것이 바람직하다. 구간별로 배관을 분리하기 위해서는 연결된 배관의 단부에 유연한 연결부를 적용함으로써 하중의 전달을 차단할 수 있다. 구간별로 분리된 배관 및 부속품은 구간내에서 지진하중을 지지할 수 있도록 배관 행거, 정착부 앵커, 배관 등을 설계하면 된다. 한편 구간으로 분리한 배관시스템은 단부가 유연한 연결부로 결속되어 행거 시스템의 강성이 크지 않으면 지진하중에 의해 큰 횡변위가 발생할 수 있고, 이로 인해 행거 시스템의 영구적인 변형이나 인근 설비에 충격이 발생할 수 있다. 따라서 이를 방지하기 위해서 수평 2방향으로 강성이 충분한 버팀대를 설치하여 흔들림을 방지할 수 있으며, 이 때 버팀대는 지진하중에 대해 설계되어야 한다.

이 장에서는 지진하중이나 상대변위에 대한 별도의 내진설계가 필요 없는 일반적인 슬래브나 보 등에 매달린 배관의 표준내진상세를 정리하였다. 여기서 다루지 않는 배관시스템은 KDS 41 17 00에 따라 내진설계하고 KCS 31 20 15, KCS 31 45 10 관련 조항의 시방서에 따라 시공하여야 한다.

6.1 천장에 매달린 배관

앞서 언급한 바와 같이 배관시스템은 매우 다양한 종류와 형태로 구성되기 때문에 표준 내진상세를 제시하기는 어렵다. 다만, 중량이 작은 배관이 중력 하중을 지지하는 기본적인 행거 시스템에 설치된 경우에 국내외 지진 경험이나 실험결과로 미루어 볼 때 지진하중을 적절하게 지지할 수 있는 것으로 평가되고 있다. 본 표준내진상세에 따라 시공하는 경우는 KDS 41 17 00에 따라 배관의 지진하중을 고려하지 않을 수 있다. 그림 6.1.1은 천장에 매달린 배관의 기본적인 구성을 보여주고 있다. 여기서 천장이라고 표현하였으나 배관을 지지하는 행거시스템은 슬래브 또는 보와 같은 구조부재에 정착되어야 한다. 단일 배관은 로드 행거(rod hanger)로 지지되며, 여러개의 다발 배관은 앵글이나 채널을 행거 로드로 지지하는 배관 가대(trapeze)에 설치되는 경우가 많다. 행거의 지지간격은 배관 종류와 규격에 따라 KCS 31 20 15의 표 3.4.1에 주어져 있다. 행거 로드는 일반적으로 직경 10mm, 13mm, 16mm 정도의 달대 볼트가 주로 사용되며 달대 볼트는 슬래브나 보 등 구조부재에 인서트를 박아 직접 설치된다. 행거의지지 길이는 행거가 구조부재에 정착되는 정착부에서 배관이나 가대에 연결되는 길이이며, 단일 행거 시스템이 지지하는 구간(지지 구간)은 행거 좌우의 지지 간격 합의 1/2로 산정하여야 한다.

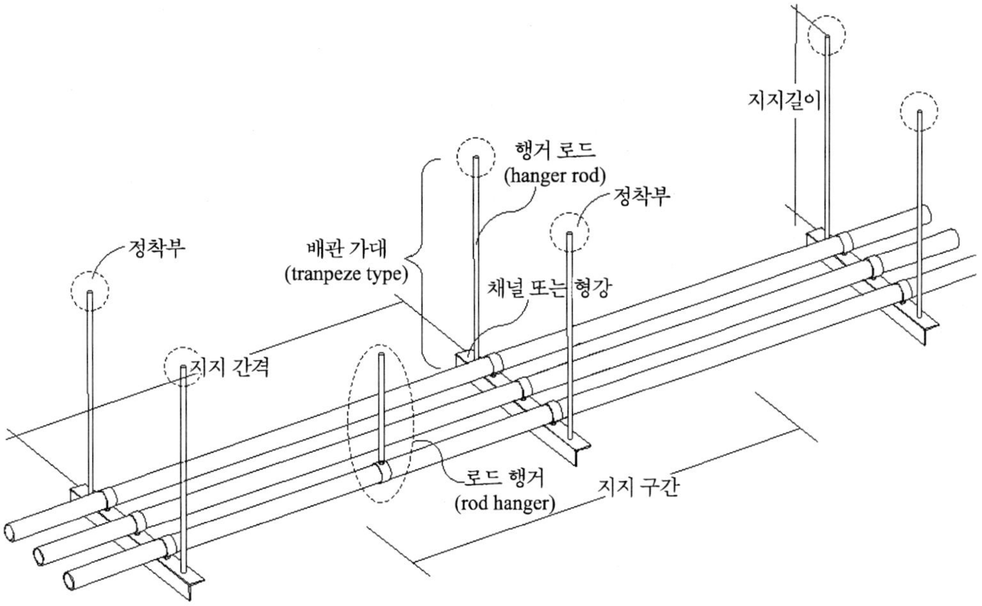

[그림 6.1.1] 매달린 배관 설치 구성도

그림 6.1.2는 로드 행거로 지지되는 단일배관의 표준상세를 나타낸다. 단일 배관의 경우 표준상세를 적용하기 위해서 반응수정계수가 4.5 이상의 연성능력이 있는 배관 재료 및 연결부가 사용되어야 하며, 그 외의 경우 지진하중에 대한 검토가 수행되어야 한다. 중요도 1.5 배관이 로드 행거로 지지되는 경우에 행거 로드의 지지길이는 300mm 이하로 설치하여야 하며 인접한 구조부재나 비구조요소와의 충돌 방지 장치 또는 충돌에 대한 보호 장치가 설치되어야 한다. 중요도 1.0 배관의 경우에는 행거 로드의 지지 길이는 300mm 이하이며 직경 10mm 또는 13mm의 행거 로드에 의해 지지되어야 한다. 로드 행거로 지지되는 단일 배관은 단일 로드 행거에 의해 지지되는 무게가 220N을 초과해서는 안된다.

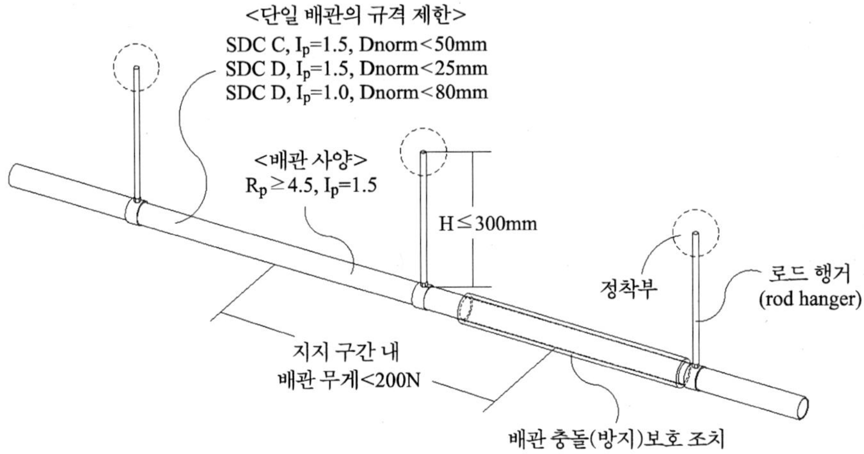

(a) 중요도 1.5 배관

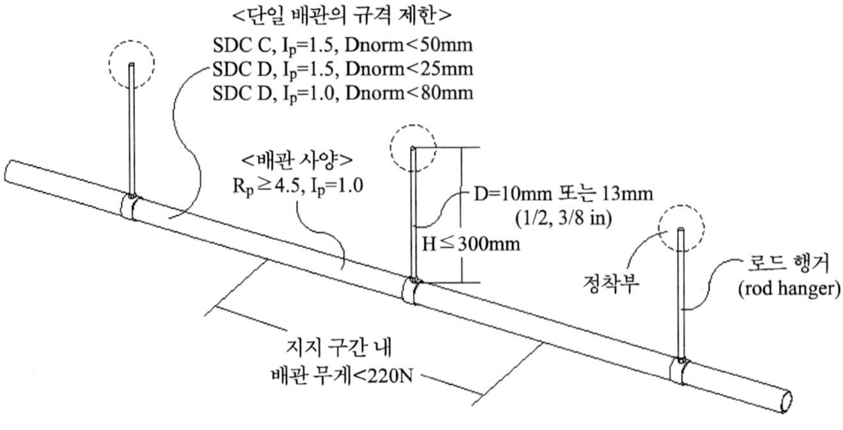

(b) 중요도 1.0 배관

[그림 6.1.2] 로드행거로 지지되는 단일배관의 표준상세

그림 6.1.3은 배관 가대로 지지되는 다발 배관의 표준내진상세를 나타낸다. 배관 가대에 의해 지지되는 배관의 무게가 146N/m 미만인 경우(a) 행거 로드의 직경이나 지지 길이에 관계없이 내진성능을 만족할 수 있다. 직경 10mm의 로드 행거로 지지되는 경우(b), 지지 길이는 300mm 이하이어야 하며 단일 가대에 의해 지지되는 배관의 무게는 445N 미만이어야 하며 직경 13mm의 로드 행거로 지지되는 경우(c)에는 배관의 무게가 890N 미만까지 가능하다. 직경 13mm의 로드 행거의 지지 길이가 600mm 이하인 경우에는 지지되는 배관의 무게는 445N 미만이어야 한다.

이 장에서 제시하는 표준내진상세를 적용하려는 배관은 건물의 내진설계범주 및 중요도에 따라 어떠한 단일 배관도 다음의 규격 제한을 만족하여야 한다.

- 내진설계범주 C, 중요도계수 1.5 배관 : 공칭직경 50mm 미만
- 내진설계범주 D, 중요도계수 1.5 배관 : 공칭직경 25mm 미만
- 내진설계범주 D, 중요도계수 1.0 배관 : 공칭직경 80mm 미만

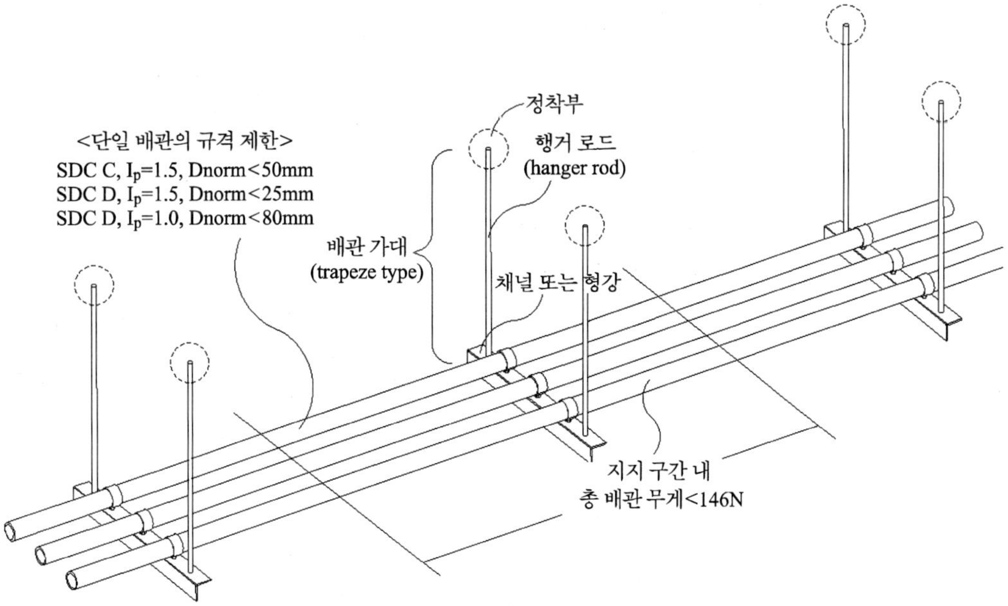

(a) 중량 146N/m 이하 배관

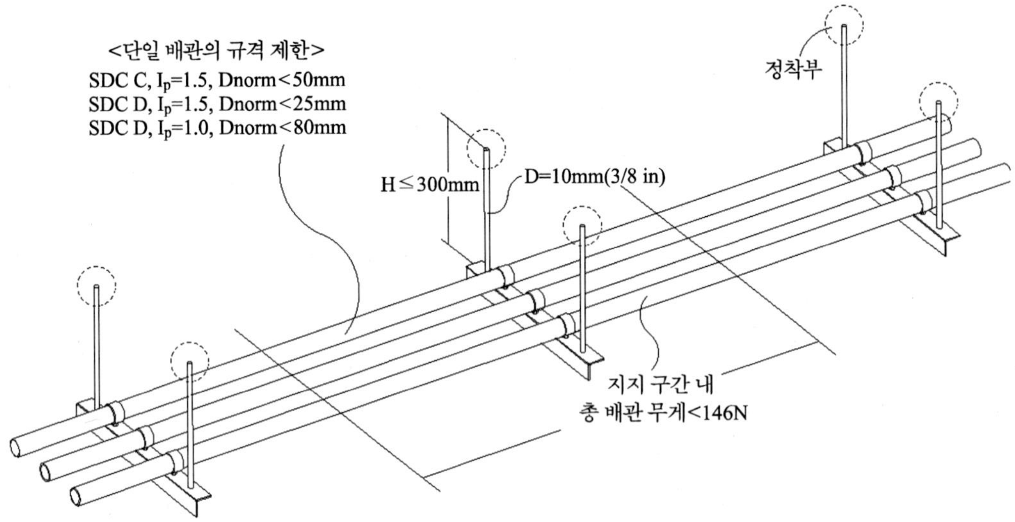

(b) 중량 445N 이하 배관 (지지 길이 300mm)

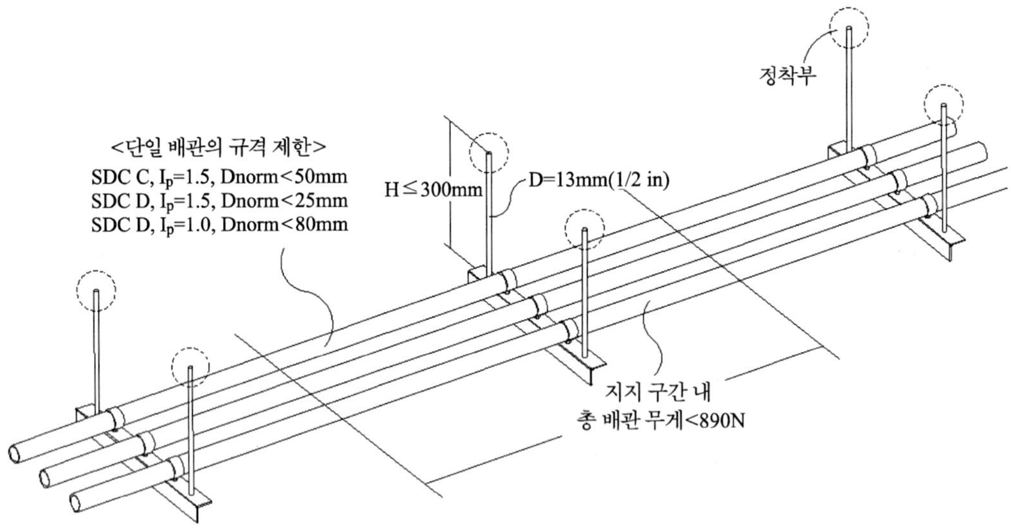

(c) 중량 890N 이하 배관 (지지 길이 300mm)

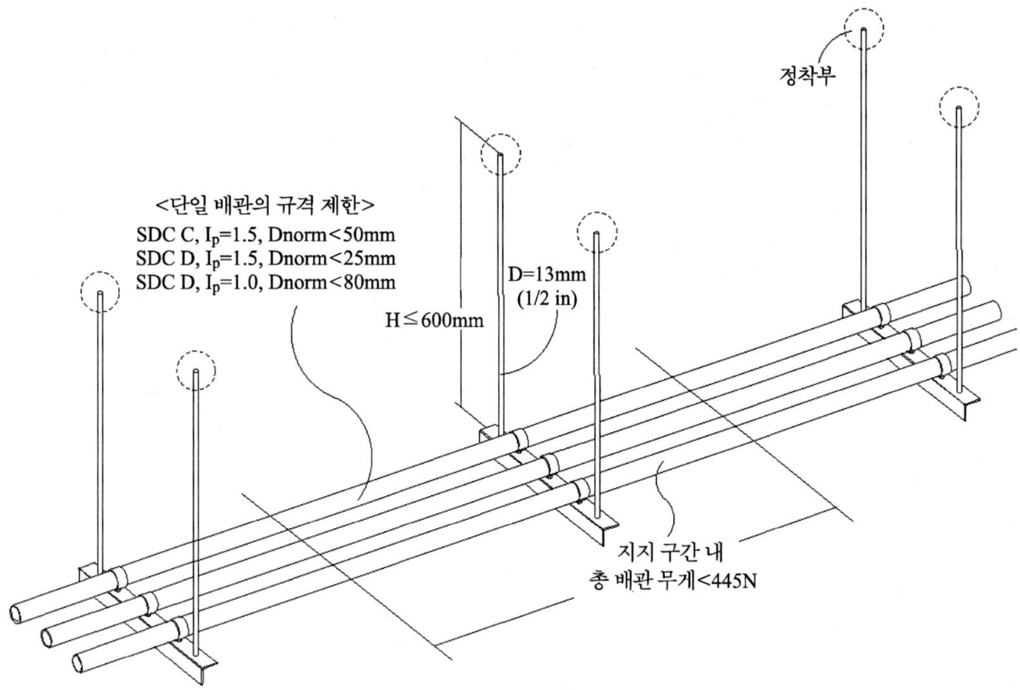

(d) 중량 445N 이하 배관 (지지 길이 600mm)

[그림 6.1.3] 공용 배관 가대(trapeze)로 지지되는 다발배관의 표준상세

7장 적재설비

대형마트 등 대중에 공개된 적재설비는 지진시 적재물의 낙하, 적재설비의 붕괴가 발생하여 인명 및 재산피해를 발생시킬 수 있어 내진설계가 반드시 요구된다. 적재설비의 일반적인 구조형식은 그림 7.1.1과 같다. 적재설비는 설치 및 해체의 용이성을 고려하여 기둥(upright)과 로드빔(load beam), 크로스빔(cross beam), 브레이스(brace)를 조립하는 간단한 구조로 구성된다. 특히 기둥과 로드빔은 적재물의 크기에 따른 가변성을 확보하기 위해 후크(hook)를 체결하는 방식으로 조립된다. 국내에서 유통 및 설치되고 있는 적재설비는 대부분 유사한 형태로 구성되고 있다. 본 장에서는 SINE 연구를 통해 실험적으로 검증된 사항에 대해 일반적으로 사용되는 물류센터 적재선반의 표준내진상세를 제시하였다.

일반적으로 사용되는 물류센터 적재선반의 표준내진상세를 제시하였다. 표준내진상세를 적용할 수 있는 적재설비는 실험결과를 반영하여 총 적재중량 1.2톤, 높이 6m, 2층 이하의 파렛트 랙에 한정한다.

그림 7.1.2에 파렛트 랙의 내진 표준상세를 나타낸다. 기둥과 로드빔은 후크로 결속되는데 이 때 후크는 빠짐없이 80% 이상 체결하여야 하며, 로드빔과 기둥에 M8 이상 볼트로 고정되어야 한다. 크로스 빔은 하나의 로드빔에 4개 이상 설치하여야 하며 로드빔과 밀착되게 접합하여야 하며 가급적 볼트로 고정하는 것이 바람직하다. 랙 프레임의 단변방향으로 기둥과 기둥사이에는 브레이스로 보강하여야 하며 상부와 하부에 수평 브레이스를 설치하여야 하며, 대각 브레이스는 45°±5°로 설치하여야 한다.

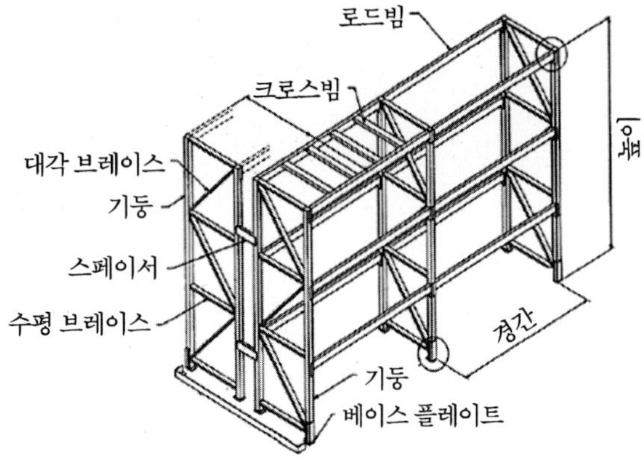

[그림 7.1.1] 파렛트 랙의 구조 형식

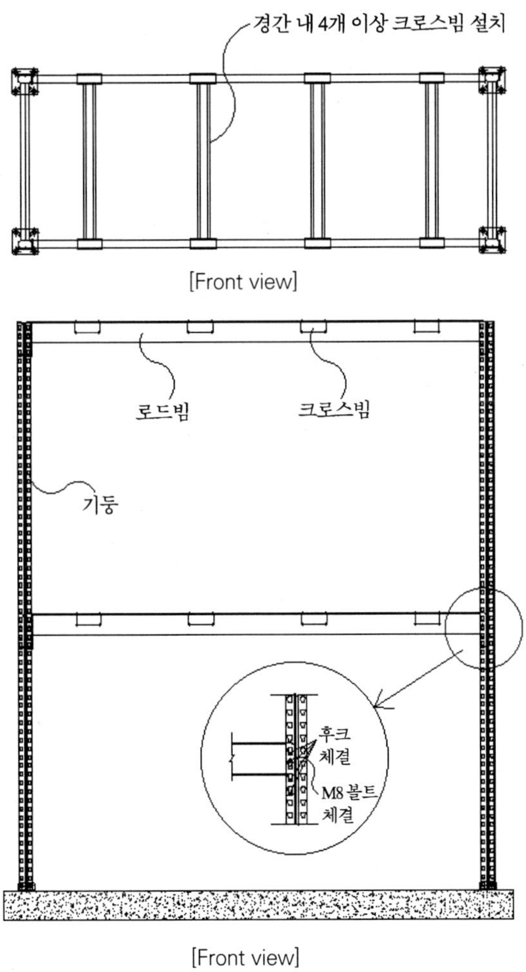

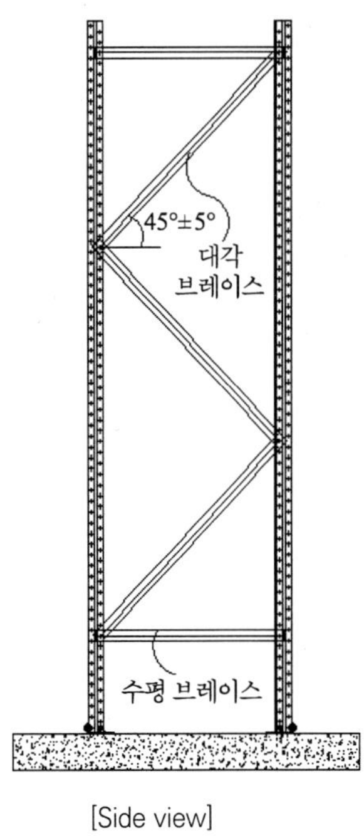

[그림 7.1.2] 파렛트 랙의 내진 표준상세

그림 7.1.3은 기둥과 베이스 플레이트간 고정 상세를 보여준다. 기둥은 베이스 플레이트에 용접하는 것이 가장 바람직 하지만 설치의 용이성이나 화재의 위험성을 고려하여 볼트 접합하는 경우가 많다. 이 때 기둥과 베이스 플레이트는 정면부에서 M10 볼트로 2개 이상 고정하고, 양쪽 측면에서도 M8 볼트를 각각 1개 이상 고정하여야 한다. 베이스 플레이트는 바닥 슬래브나 기초에 정착하여야 하며 M16 이상 앵커볼트로 고정하여야 한다. 볼트의 수량은 2개 이상 설치하는 것이 바람직하지만 설치 여건이 불충분할 경우 1개도 가능하다.

본 장에서 설명한 표준상세는 2층, 총 높이 6m 이하, 층별 적재중량 1.2톤 이하인 파렛트 랙 구조에 대한 표준내진상세로 적재물의 낙하는 고려되지 않았다.

진동대 실험 결과, 국내에서 주로 설치되는 파렛트 랙의 경우 지진하중에 대한 구조의 안전성은 어느 정도 확보되는 것으로 나타났으나, 적재물의 낙하는 경우에 따라 다르므로 이와 같은 상세로 적재물의 낙하는 방지할 수 없다. 따라서 적재물의 낙하로 인한 재산피해 및 인명피해를 방지하기 위해서는 낙하방지 조치를 취할 필요가 있다.

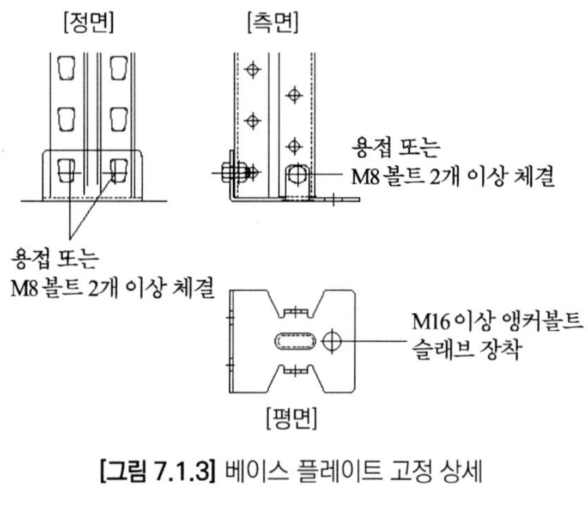

[그림 7.1.3] 베이스 플레이트 고정 상세

저 자

김형준 공동연구책임자
오상훈 연구총괄책임자
이철호 공동연구책임자
조봉호 공동연구책임자
최경규 공동연구책임자
백은림 공동연구책임자
신동현 공동연구실무담당자

참여 연구원

서울시립대학교 신동현, 신이섭
부산대학교 박해용. 박재한. 김한길
서울대학교 전수찬
아주대학교 이재섭. 정담이
숭실대학교 이승재, 이지언, 박원일
국토교통연구인프라운영원 최형석, 서영득, 이경석

협력 기업

㈜산돌기업, ㈜에코닝, ㈜광림티엔아이, 한국 유에스지보랄㈜, ㈜벽산, ㈜유창, ㈜대창스틸, 성신전기공업㈜, ㈜에너테크, ㈜센벡스, 유노비스이엔씨㈜, ㈜다성테크, ㈜시스턴

건축물 비구조요소 내진성능 확보기술 개발 연구그룹(SINE) 연구성과 시리즈 II

비구조요소 내진공사 시방서에 따른 표준내진상세 **정가 10,000원**

저자 : 김형준 · 오상훈 · 이철호 · 조봉호 · 최경규 · 백은림 · 신동현

발행인 : 임해진
발행처 : 도서출판 구미서관

인쇄 : 2022년 1월 24일
발행 : 2022년 1월 31일

등록 : 1979년 6월 29일 No.9–6호
주소 : 서울시 마포구 신촌로 2길 5-15 구미빌딩
전화 : 02–333–1101
팩스 : 02–335–2201
http://www.goomibook.com

ISBN 979–11–6257–191–0 (93540)
